設計技術シリーズ

[監修]
坂本 幸夫

Electro Magnetic Interference

電磁障害／EMI
対策設計法

安全・安心な製品設計マニュアル

科学情報出版株式会社

第1編　総論 ……………………………………………………………1

1．電磁障害（EMI）発生の要素と防止技術とその対策部品 …………1

2．ノイズ対策部品で行うEMI対策の諸手法 ………………………1

　　2－1　伝導路で行う対策 …………………………………………4

　　2－2　発生源でノイズの発生をおさえる対策 ………………………4

コラム　　対策部品で行うEMC対策のコスト低減 ………………14

　◆ノイズ対策部品の種類が多い理由

　◆対策部品によるEMI対策のコストダウンは必要・最低限の対策部品
　　を選ぶこと

　◆デジタル機器のノイズ対策

　◆信号I/O　不平衡伝送ラインのノイズ対策部品の選択

　◆プリント配線回路基板のノイズ対策部品の選択

第2編　対策部品の効果の表わし方……………………………………21

1．ノイズの対策効果……………………………………………………21

2．ノイズ対策効果の表わし方　あれこれ……………………………22

3．挿入損失………………………………………………………………24

4．挿入損失と減衰量……………………………………………………25

5．デシベルと電圧比（挿入損失の物理的意味）……………………26

6．インダクタのインピーダンスと挿入損失…………………………27

7．コンデンサのインピーダンスと挿入損失…………………………28

8．ノイズ対策部品の効果測定値を活用する時の注意点……………30

　　8－1　部品の持つ特性を引き出すための配慮への対応………30

　　8－2　標準化への対応……………………………………………32

コラム①　　ノイズ対策部品のインピーダンス測定

　　　　　　　　アジレント・テクノロジー株式会社　荻沼　明彦

　　　　　　　　　　　　　　　　　　　　　　　　………33

　1．ノイズ対策部品の効果とインピーダンス測定

　2．使用条件によって変わるインピーダンス特性評価

　3．測定治具と誤差補正

　4．さいごに

I

第3編　ノイズ対策の手法と対策部品（1）

ローパス型EMIフィルタによるノイズ対策 ……………39

1．ノイズ対策に使われるフィルタ ……………………………39
2．有用な周波数成分と無用な周波数成分 ………………………42
3．EMIフィルタの構成（素子数）と特性 ……………………44
4．外部回路のインピーダンスとローパス型EMIフィルタの特性 ……46
5．定数と特性（容量値やインダクタンス値とフィルタの特性）………48
6．ローパス型EMIフィルタの選択方法 ………………………49

コラム②　　ロングランを続けるローパス型EMIフィルタ "BNX"

　　　　　　　坂本　幸夫、株式会社　村田製作所　櫻井　雄吉

　　　　　　　　　　　　………51

1．万能のノイズフィルタをつくったら億万長者になれる
2．設計
3．信頼性
4．よいローパス型EMIフィルタはよいインパルス性ノイズの対策部品になる
5．まとめ

第4編　ノイズ対策の手法と対策部品（2）

ローパス型EMIフィルタのコンデンサ ……………………57

1．コンデンサで行うノイズ対策 ………………………………57
2．ノイズ対策に使われるコンデンサの性能と選択 …………………59
3．コンデンサの静電容量で決まる低域 …………………………59
4．コンデンサのESL（残留インダクタンス）で決まる高域 …………61
5．コンデンサのESR（直列等価抵抗）で決まる共振点付近 …………65
6．コンデンサの並列接続使用の落とし穴 ………………………70

コラム③　　3端子コンデンサの歴史

　　　　　　　坂本　幸夫、株式会社　村田製作所　間所　新一

　　　　　　　　　　　　………74

1．3端子コンデンサの原型

2．3端子コンデンサの誕生

3．普及

4．チップ化

第5編　ノイズ対策の手法と対策部品（3）
ローパス型EMIフィルタのインダクタ ……………………79

1．インダクタで行うノイズ対策……………………………………79

2．ノイズ対策に使われるインダクタの性能と選択……………81

3．インダクタの浮遊容量と高周波帯域のノイズ除去性能………82

4．GHz帯対応のインダクタ ……………………………………86

5．インダクタの自己共振点と高域のフィルタ特性………………86

6．インダクタの損失とノイズ対策………………………………88

7．インダクタ活用の留意点………………………………………90

コラム④　　チップフェライトビーズの進化

　坂本幸夫、株式会社　村田製作所　間所新一、西井　基、大槻健彦
　　　　　　　　　　　　　　　　　　　　　　　　…………94

1．ビーズインダクタ

2．チップ化

3．進化

4．100MHz〜6GHz帯対応のチップフェライトビーズ

第6編　ノイズ対策の手法と対策部品（4）
コモンモードノイズの対策………………………………99

1．コモンモードノイズとは何か…………………………………99

2．コモンモードノイズ発生のメカニズム …………………………100

　2—1　モードの変換によるコモンモードノイズ発生のメカニズム
　　　　　　　　　　　　　　　　　　　　　　　…………100

　2—2　差動伝送ラインにおけるコモンモードノイズの発生メカニズム
　　　　　　　　　　　　　　　　　　　　　　　…………102

2―3　スイッチング電源装置におけるコモンモードノイズの発生メカニズム
　　　　　　　　　　　　　　　　　　　　　　　　　……………103

2―4　電波によるコモンモードノイズ発生のメカニズム ………104

2―5　落雷などによるコモンモードノイズ発生のメカニズム …104

3．コモンモードノイズをなぜ対策しなくてはならないのか ……105

4．対策部品で行うコモンモードノイズの対策 ………………106

4―1　コモンモードチョークによる対策 ………………107

4―2　フェライト・リング・コアによる対策 ………………109

4―3　バイパス・コンデンサによる対策 ………………109

4―4　チョーク・コイルによる対策 ………………110

4―5　絶縁トランスによる対策 ………………111

4―6　フォト・カプラによる対策 ………………113

コラム⑤　　フォト・エッチング微細加工工法で作られる
　　　　　　　小型チップ・コモンモードチョークコイル"DLP"……114
　　　　　　坂本　幸夫、株式会社　村田製作所　川口　正彦、松田　勝治

1．コモンモードチョークコイルの小型化、複合化を実現する
　　フォト・エッチング微細加工工法

2．高速差動インタフェースにむけて

3．高性能をコンパクトに

4．波形品質の確保

5．まとめ

第7編　ノイズ対策の手法と対策部品（5）
　　　　　　インパルス性ノイズの対策 ………………123

1．インパルス性ノイズとは何か ………………123

2．インパルス性ノイズの2つの障害 ………………124

3．インパルス性ノイズの種類と対策部品 ………………126

4．バリスタによるインパルス電圧を抑制する原理と制限電圧を下げる方策
　　　　　　　　　　　　　　　　　　　　　　　　　………………127

5．バリスタの残留インダクタンスの影響 ………………130

IV

６．ノイズ対策部品自体の破壊と２次障害に対する配慮 ……………………134

コラム⑥　抵抗付き３端子バリスタによる静電気放電からのICの保護
　　　　　坂本　幸夫、株式会社　村田製作所　田辺　武司、坪内　敏郎
　　　　　　　　　　　　　　　　　　　　　　　　　　……………136

１．ICにおける静電気の脅威

２．３端子バリスタ

３．抵抗付き３端子バリスタ

４．あとがき

第８編　ノイズ対策の手法と対策部品（６）
　　　　コンデンサで行う電源ラインのノイズ対策 ………………143

１．DC電源ラインで作られるノイズ ………………………………143

２．デカップリングコンデンサの考え方 ……………………………145

３．デカップリングコンデンサの容量の決め方 ……………………146

４．デカップリングコンデンサ静電容量設計の手順 ………………148

５　電源ラインのインダクタンスとデカップリングコンデンサの共振
　　　　　　　　　　　　　　　　　　　　　　　　　……………151

６．高速のデジタル回路へ電源を供給する電源ラインのノイズ ……151

７．高速のデジタル回路に電源を供給する電源ラインの
　　デカップリングコンデンサ ………………………………………154

コラム⑦　３端子電源ラインデカップリングコンデンサ実装の留意点
　　　　　　坂本　幸夫、株式会社　村田製作所　東　貴博
　　　　　　　　　　　　　　　　　　　　　　　…………157

第９編　ノイズ対策の手法と対策部品（７）
　　　　共振防止対策部品によるノイズ対策 ……………………161

１．「共振防止対策部品によるノイズ対策」とは何か………………161

２．共振のメカニズム ………………………………………………164

３．ダンピング部品で共振を抑えるノイズ対策 ……………………166

４．インピーダンスの整合で共振を抑えるノイズ対策 ………………169

Ｖ

５．共振防止部品によるノイズ対策の特徴と効果 ……………………170

コラム⑧　RC複合タイプ　波形歪抑制機能付き３端子コンデンサ

―波形歪抑制機能付き３端子コンデンサはグランドインダクタンスの影響も小さい―

坂本　幸夫、株式会社　村田製作所　東　貴博

……………170

第10編　ノイズ対策の手法と対策部品（8）
　　　対策部品で行う平衡伝送路のノイズ対策 ……………………179

１．平衡伝送とは …………………………………………………………179

２．平衡伝送ラインでノイズが作られる …………………………………182

３．信号の位相ズレとノイズ ……………………………………………183

４．線路のインピーダンスバランスと放射 ……………………………184

５．平衡伝送路のノイズの発生を抑える方法 …………………………186

　５―１　コモンモード成分を抑制する方法 ……………………………187

　５―２　コモンモード成分をノーマルモード成分に変換する方法　188

６．差動信号伝送ラインではノーマルモードとコモンモード両モードの

　　ターミネートが必要 …………………………………………………188

コラム⑨　USB2.0に対応したコモンモードチョークコイルの使用と注意点

株式会社　村田製作所　間所　新一、後藤　祥正

……………191

第1編　総論

本講座では「対策部品で行うEMI対策」というテーマで、代表的なノイズ対策部品、代表的な対策部品で行うEMI対策について、対策のメカニズム、対策部品選択の考え方、使用時の留意点等について連載を予定している。今回は「総論」として、ノイズ対策手法にはどのようなものがあり、どのような部品がどのような原理で使われるのか概説する。

1．電磁障害（EMI）発生の要素と防止技術とその対策部品

　本講座では代表的なノイズ対策部品、またそれら代表的な対策部品で行うEMI対策について、対策のメカニズム、対策部品選択の考え方、使用時の留意点等について述べる。

　ノイズ対策部品（EMI suppression components）は、電磁障害防止（interference suppression）に用いられる部品（electromagnetic components）という用途による分類である。このため、他のトランジスタ、ダイオード、抵抗器、コンデンサなどのように固有の構造、形態をもつ部品を呼ぶものではない。種々の機器、種々のポートでは特有の信号が使われ、また、その信号に伴う種々のノイズが問題になる。ノイズ対策部品は各機種、各ポートで固有の信号を通して、固有のノイズを除去する機能が必要である。

　このため、新しい信号が使われる新しいシステムの出現には、これに対応するための新しい機能のノイズ対策部品の品揃えが必要となる。

　こうして、ノイズ対策部品は品揃えが充実してきた。その品揃えされた部品群をこれから有効に活用するには対策メカニズムを知り、合理的にノイズ対策部品を選択することも重要になる。

　電磁障害（EMI＜electromagnetic interference＞）は次の3つの要素がそろうとおこる。

〔表1〕ノイズ対策部品で行うEMI対策の諸手法

	EMI対策の手法	原理	用途	使用される部品	図番
発生源での抑制	①ローパス型EMIフィルタによる高周波ノイズ対策	周波数によるインピーダンスの違いで低周波の信号や電源と高周波ノイズを分離し、高周波ノイズを除去する方法	デジタルノイズや高周波ノイズが重畳したアナログ信号や電源の高周波ノイズの対策	インダクタ、コンデンサ、LCフィルタ	図3
	②伝導路でノイズを絶つコモンモードノイズ対策	信号とノイズをコモンモードとノーマルモードという伝送モードで分離し、コモンモードノイズを除去する方法	信号ラインや電源ラインのコモンモードノイズの対策	コモンモードチョーク、他（注1）	図4
	③伝導路でノイズを絶つインパルス性ノイズ対策	落雷、静電気などで発生するインパルス性ノイズを電圧や、電流の大きさで分離し、抑制する方法	電源ラインや信号ラインの落雷、静電気により発生するインパルス性ノイズの対策	バリスタ、他（注2）	図5
伝導路での対策	④IC電源ノイズの発生対策	電源回路のICの近くにコンデンサを、間欠電流を供給することにより、配線のインダクタンス成分で発生するノイズのを抑制する方法	IC電源などDC電源でラインの残留インダクタンスにより発生するノイズの抑制	コンデンサ	図6
	⑤平衡伝送路ノイズの発生対策	不平衡電流を平衡電流に変換することにより、コモンモードノイズの発生を抑制する方法	平衡伝送信号のバランスのくずれによって発生するノイズの抑制	コモンモードチョーク、絶縁トランス	図7
	⑥ダンピングによるノイズの発生対策	損失成分の大きい素子を使い、回路の損失成分を大きくし、定在波や発信を抑えノイズの増大を抑制する方法	共振や定在波が発生する回路や線路のノイズの抑制	抵抗器、ビーズインダクタ、他（注3）	図8
	⑦マッチングによるノイズの発生対策	インピーダンスのミスマッチングによる信号やノイズの反射を小さくし、定在波の発生を抑え、ノイズの増大を抑制する方法	定在波が発生する線路のノイズの抑制	抵抗器	図9

（注1）コモンモードチョーク以外のコモンモードノイズの伝導の抑制に使用される部品：　フェライトリングコア、絶縁トランス、フォトカプラ、コンデンサ、インダクタなど

（注2）バリスタ以外の高圧ノイズの抑制に使用される部品：　コンデンサ、インダクタ、抵抗器、ダイオード、ツェナーダイオード、放電ギャップ部品、サーミスタなど

（注3）抵抗器、ビーズインダクタ以外の反射、共振ノイズの抑制に使用される部品：　ダンピング機能付きEMIフィルタなど

<電磁障害の3つの要素>

　①ノイズの発生源（加害者）

　②そのノイズをうけて動作不良をおこすもの（被害者）

　③そのノイズを伝導する伝導路

　逆に考えると、EMIの対策は有効な信号や電源をひずませたり、減衰させたりしない方法で、これら3つの要素のいずれか1つ以上の要素を取り除けば防止ができる。

　本講座では、表1に示すように伝導路で行う対策の

　①伝導路で行う高周波ノイズの対策

　②伝導路で行うコモンモードノイズの対策

　③伝導路で行うインパルス性ノイズの対策

発生源（加害者）で行う対策の

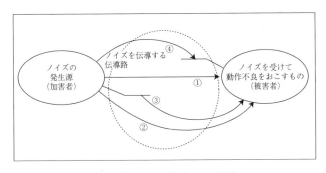

〔図1〕ノイズ発生の3要素

④コンデンサによる電源ノイズ発生の抑制
⑤差動伝送路におけるコモンモードノイズの発生の抑制
⑥ダンピング部品で行うノイズ対策
⑦マッチング素子で行うノイズ対策

の代表的な7つの"対策部品で行うEMI対策"について考察する。

今月はこの代表的な7つの"対策部品で行うEMI対策"について概説する。

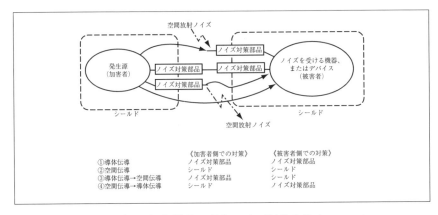

〔図2〕伝導路で行うノイズ対策の基本

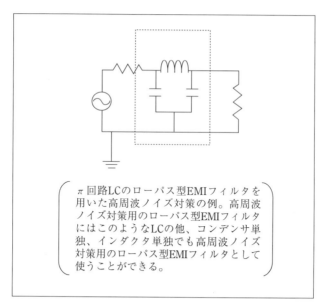

π回路LCのローパス型EMIフィルタを用いた高周波ノイズ対策の例。高周波ノイズ対策用のローパス型EMIフィルタにはこのようなLCの他、コンデンサ単独、インダクタ単独でも高周波ノイズ対策用のローパス型EMIフィルタとして使うことができる。

〔図3〕ローパス型EMIフィルタによる高周波ノイズ対策の例

2．ノイズ対策部品で行うEMI対策の諸手法
2－1　伝導路で行う対策

　ポピュラーなEMI対策の方法はノイズの伝導路を絶つ方法である。図2に伝導路で行うノイズ対策の基本を示す。ノイズの伝導路には配線パターンやケーブルや部品など導体を伝導するものと空間を電磁波として伝導する空間伝導がある。伝導路で行うEMI対策では空間伝導に対する対策はシールドで行い、導体を伝わる対策はノイズ対策部品で行うのが原則である。導体伝導の対策では、たとえ発生源からノイズを受ける機器やデバイスまで通じていない導体であっても、シールドで囲まれている空間の外に露出している場合には、シールド壁付近でノイズ対策部品による導体伝導の対策を視野に入れなければならない。理由は導体にノイズ電流が流れると、その導体がアンテナになり、空間にノイズを放出したり、空間を伝わってきたノイズを取り込むアンテナになるためである。

（1）ローパス型EMIフィルタによる高周波ノイズ対策

　ローパス型EMIフィルタを使ったノイズ対策は周波数でノイズと信号（電源）を分離し、高周波ノイズを除去する方法で、低周波信号ラインに高周波ノイズが重畳している時や電源ラインに高周波ノイズが重畳している時に使われる。

　このローパス型EMIフィルタにはインダクタ単体、コンデンサ単体、LC複合の3つのタイプがある。インダクタ単体のタイプは高周波のノイズ電流を制限することで高周波ノイズを除去し、コンデンサ単体のタイプはノイズ電流を分離し、グランドを通して、発生源に還流するタイプで、LC複合のタイプは図3に例を示すようなコンデンサとインダクタを組み合わせた高性能のLC型EMIフィルタである。L回路、T回路、π回路などLC型複合EMIフィルタタイプLC型EMIフィルタはノイズと信号の周波数が接近しているときやより大きなノイズ除去効果が必要なときに使われる。

　この方法は古くから広く使われている、最もポピュラーなノイズ対策の方法であるが信号が速くなりノイズの周波数と信号の周波数が重なると使えなくなる。

（2）伝導路でノイズを絶つコモンモードノイズの対策

　I/Oケーブルから放射するノイズやACラインのノイズ等では、ノイズはコモンモードで伝送され、有効信号はノーマルモードで伝送されている。この二つの異なった伝送モードであるコモンモードとノーマルモードの伝送モードの違いでノイズと有効信号を分離し、コモンモードのノイズ成分のみ減衰させるという方法がとられる。この方法は周波数により、有効信号とノイズを分離しているのではないためノイズの周波数帯に接近あるいは重なるような速い信号の対策にも使えるのが特長で、速い信号を通しているI/Oラインのノイズ対策などに使われる。しかしプリント配線回路などで信号の帰路が明確でない場合には使えないという難点もある。

　コモンモードノイズの対策を伝導路で絶つ方法では、コモンモードチョークで行う方法が信号（ディファレンシャル信号）に影響を与えずに

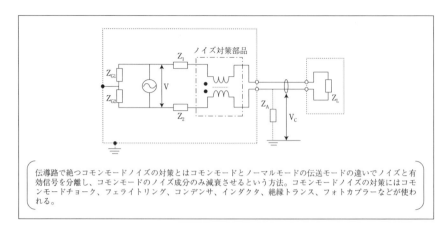

> 伝導路で絶つコモンモードノイズの対策とはコモンモードとノーマルモードの伝送モードの違いでノイズと有効信号を分離し、コモンモードのノイズ成分のみ減衰させるという方法。コモンモードノイズの対策にはコモンモードチョーク、フェライトリング、コンデンサ、インダクタ、絶縁トランス、フォトカプラーなどが使われる。

〔図4〕伝導路で絶つコモンモードノイズの対策の例

大きな効果が得られることから多用されているが、コモンモードチョークで行う方法の他にもフェライトリングコア、バイパスコンデンサ、単独のチョークコイル、絶縁トランス、フォトカプラ等でも対策が行われる。

図4に伝導路で行う代表的なコモンモードノイズ対策手法であるコモンモードチョークによる対策とその他の諸手法（注書き）を紹介する。

理想的なコモンモードチョーク、フェライトリングコア、絶縁トランス、フォトカプラで行う対策はノーマルモードの信号には影響しないが、バイパスコンデンサや単独のチョークコイルによる方法はコモンモードのノイズも低減するだけではなく、ノーマル信号も低減するので使用できるアプリケーションが限定される。また いずれの場合も浮遊容量や残留インダクタンスにより、コモンモードノイズが低減できる周波数の上限がある。

（3）伝導路で絶つインパルス性ノイズの対策

ノイズの中には落雷、静電気放電、スイッチ回路のon-off、デジタル信号のクロストークなどで発生する電圧や電流が有効信号（あるいは電源）の波形と連続性のないかたちで、パルス状、あるいはトランジェント状に重畳してくるグループがある。本講ではこれらのノイズをインパ

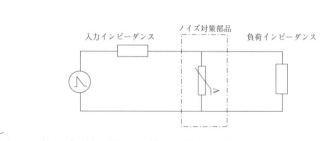

〔図5〕伝導路で絶つインパルス性ノイズの対策の例

ルス性ノイズと称して、対策手法を整理する。

　インパルス性ノイズにはデジタル信号のクロストークで発生するTTLのヒゲと呼ばれるような数100mVのものから静電気や落雷で発生する数1000V～数10000Vのものまである。インパルス性ノイズに対する対策はいずれも信号（または電源）とノイズを電圧（または電流）で区別し、高い電圧（または電流）のノイズを抑制する手法が用いられる。インパルス性ノイズの抑制ではコンデンサ（capacitor）、インダクタ（inductor）、抵抗器（resistor）、バリスター（varistor）、ダイオード（diode）、ツェナーダイオードー（zener diode）、放電ギャップ部品（gas discharge surge suppressor）、サーミスタ（thermistor）など多くの種類の部品が目的に応じて使われる。パルス幅が小さいインパルス性ノイズの対策にはコンデンサやインダクタが使われ、パルス幅の大きいインパルス性ノイズの対策や電圧の高いインパルス性の対策にはバリスター、ダイオード、ツェナーダイオードーなど非線形抵抗特性を持つ、半導体部品や放電ギャップ部品が使われる。また少し低減すればよい場合は抵抗器が使われることもある。

　また、インパルス性ノイズの波形は立ち上がり、立ち下がりの急峻なものが多く、いずれの場合も部品や実装回路の残留インダクタンスが対

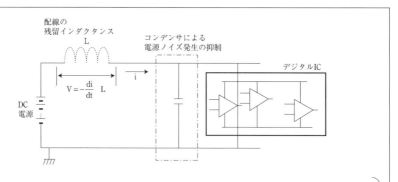

〔図6〕 コンデンサによるIC電源ノイズ発生対策の例

策の効果を決める重要な特性になる。

2—2 発生源でノイズの発生をおさえる対策

　ノイズの発生源（加害者側）で行われるノイズの発生を小さくする対策や、そのノイズをうけて動作不良をおこすもの（被害者側）で行うイミュニティの改善は、それぞれの本来の機能設計と絡ませて行われる。

　発生源で対策部品を用いてノイズの発生を抑制する手法にはIC電源で発生するノイズを防止するIC電源ノイズの発生対策、平衡伝送路で発生するノイズの発生を防止する平衡伝送路ノイズの発生対策、伝送路で共振や定在波の発生などでノイズが増強するのを抑制する、ダンピングによるノイズの発生対策やマッチング素子によるノイズ発生対策などがある。

（1）IC電源ノイズの発生対策

　配線パターンやケーブルには必ずいくらかの残留インダクタンスがある。この残留インダクタンスをLとすると配線パターンやケーブルに流れる電流iに変化があると

$$V = -\frac{di}{dt}L$$

という、逆起電力と呼ばれる電圧Vが発生し、電源電圧に重畳する。

　このため、デジタル機器ではノイズにはあまり関わりがないと思われ

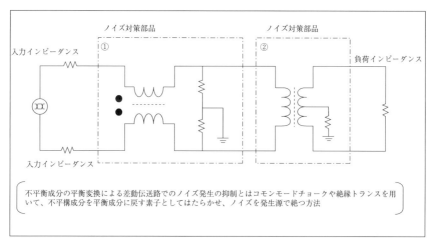

〔図7〕不平衡成分の平衡変換による差動伝送路でのノイズ発生の抑制

ているDC電源回路でも強力なノイズが作られている。デジタルICではon-off動作が行われるため、デジタルICの電源には急峻に変化をする間歇電流が流れる。急峻な間歇電流が流れると、IC電源配線の残留インダクタンスで、流れ始めるときに下向きの逆起電力によるノイズが発生し、また電流が止まる瞬間には上向きの大きな逆起電力が発生する。これがノイズとして周囲に拡散してしまう。

　これを防ぐためには、ICの近くにコンデンサを設け、間歇電流が変化する瞬間は、近くにあるこのコンデンサからICに電源を供給し、残留インダクタンスがある配線パターンやケーブルに流れる電流は急激な変化が起きないようにし、配線パターンやケーブルで発生するノイズを抑制する方法がとられる。図6にコンデンサによる電源ノイズ発生の抑制方法を示す。

（２）不平衡成分の平衡変換による差動伝送路でのノイズ発生の抑制

　差動信号伝送は高速の信号を遠くに送る必要があるEthernet LANやデジタル交換機などでは、古くから使われていたが、最近は新しく登場したインターフェースラインのUSBやIEEE 1394、そうしてメモリーとのやりとりにも差動信号が使われ始めている。これからも情報処理装置や家電機器の高速化の切り札として、ますます広範に活用されようになると思われる。差動信号は両ラインの信号電流の和は、常に一定であり、

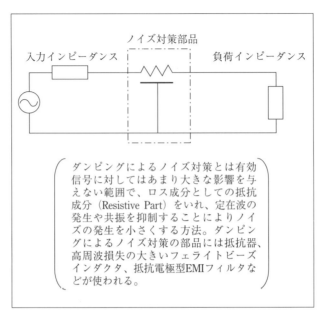

〔図8〕ダンピングによるノイズ抑制の例

空間に放射するコモンモードノイズの成分は発生しないはずである。
　しかし、実際の伝送ラインではドライバのインピーダンスのバラツキなどにより、両信号の振幅や立ち上がり時間や位相などのバランスがくずれ、非平衡成分（コモンモード成分）が発生し、ノイズを放射する原因になる。
　前述の「伝導路で行うコモンモードノイズの対策」でも対策はできるが、前出のコモンモードチョークや絶縁トランスを用いて、不平衡成分を平衡成分に戻す素子としてはたらかせ、ノイズを発生源で絶つ方法で対策をすることもできる。図7にコモンモードチョークを用いて不平衡成分を平衡成分に戻すことにより発生源でノイズを絶つ方法と絶縁トランスを用いて不平衡成分を平衡成分に戻すことにより発生源でノイズを絶つ方法（結線）を示した。コモンモードチョークは出力側を同一の抵抗値で接地するとバルーン（balun）と呼ばれる不平衡―平衡変換素子としての機能を発揮し、不平衡成分を完全に平衡成分に変換し、コモン

モードノイズを無くすことができる。接地する抵抗は中点にタップがあるコイル（インダクタ）を用いることもある。また　出力側巻き線の中点にタップのある絶縁トランスを用い、この中点を接地して（抵抗、コンデンサを等介して接地することもある）使う場合も不平衡─平衡変換素子としてはたらき不平構成分を完全に平衡成分に変換し、コモンモードノイズをなくすことができる。

（3）ダンピングによるノイズの発生対策

　損失が小さい伝送線路では伝送インピーダンスが急激に変わり反射がおこると、定在波が立ちやすい。また　損失が小さい伝送回路にインダクティブ（誘導性）成分とキャパシティブ（容量性）成分があると共振が起こりやすい。このような現象を抑えるには図8に示すようなダンピング機能を持ったノイズ対策部品による対策手法が有効である。

　定在波が立ち、振幅が大きくなる定在波の波腹部付近の周波数ではアンテナ効率が良くなり、ノイズエミッションの最大値が大きくなる。EMCの世界では最大値が常に問題になり、おおかたの問題は最大値で決まり、この最大値ををいかに下げるかが課題になる。

　またインダクティブ（誘導性）成分とキャパシティブ（容量性）成分による共振が起きたり、定在波が立つと信号がひずみ、シグナルインテグリティ（SI＝signal integrity）の問題も発生する。

　ダンピングによるノイズ対策部品とは有効信号に対してはあまり大きな影響を与えない範囲で、ロス成分としての抵抗成分（Resistve Part）をいれ、定在波の発生や共振を抑制する方法が用いられる。

　この方法は周波数によりノイズと信号を分離しているのではないので高速の信号回路に使える。

　この対策部品として有効信号に対してはあまり大きな影響を与えない抵抗単体を使ったり、高周波領域で損失が大きくなるフェライトビーズインダクタを用いたり、スルー電極に抵抗を用い、ロスを大きくした専用のEMIフィルタ（例：村田製作所製チップエミフィル　CR複合タイプNFRシリーズ）などがある。図8にロスを大きくした専用のEMIフィルタを用いたダンピングによるノイズ抑制の回路例を示す。

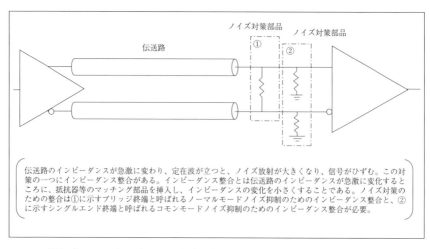

〔図9〕インピーダンスの整合（マッチング）によるノイズの抑制

（4）インピーダンス整合（マッチング）素子によるノイズ発生の対策

　回路や部品の大きさが信号の波長に比べ、無視できないような高い周波数の回路やシステムでは伝送路のインピーダンスが急激に変わると信号の反射がおこり、定在波が立つことがある。デジタル回路基板では伝送線路であるプリント基板の信号パターンとそれに接続されるICやプリント基板の信号パターンとインターフェースケーブルの間などでインピーダンスのマッチングをとることが難しく、伝送インピーダンスが急激に変わるところがある。定在波が立つと前述のようにノイズ放射が大きくなったり、信号がひずむ原因になる。この対策方法には前述のダンピングによるノイズの発生対策の他に、インピーダン整合素子によりノイズ発生を防ぐ方法がある。インピーダンス整合素子とは伝送路のインピーダンスが急激に変化するのを防ぐために用いられる抵抗器等の電子部品が用いられる。インピーダンス整合素子によるノイズ発生の対策とは線路に抵抗等のインピーダンスマッチング素子を伝送線路へ直列に入れたり、線路とグランド間に挿入することにより反射を押さえ、放射ノイズを低減したり、信号のひずみを押さえる方法が用いられる。

　図9に差動伝送線路におけるマッチングによるノイズ対策の例を示

〔表2〕実践講座〈対策部品で行う電磁障害防止対策〉の予定

	予定
（第1回）	総論
（第2回）	対策部品効果の表し方
（第3回）	ノイズ対策の手法と対策部品（1） ＜ローパス型EMIフィルタによるノイズ対策＞
（第4回）	ノイズ対策の手法と対策部品（2） ＜コンデンサ／ローパス型EMIフィルタによるノイズ対策＞
（第5回）	ノイズ対策の手法と対策部品（3） ＜インダクタ／ローパス型EMIフィルタによるノイズ対策＞
（第6回）	ノイズ対策の手法と対策部品（4） ＜コモンモードノイズ対策部品によるノイズ対策＞
（第7回）	ノイズ対策の手法と対策部品（5） ＜サージ抑制部品によるノイズ対策＞
（第8回）	ノイズ対策の手法と対策部品（6） ＜コンデンサによるIC電源のノイズ対策＞
（第9回）	ノイズ対策の手法と対策部品（7） ＜対策部品による平衡伝送路のノイズ対策＞
（第10回）	ノイズ対策の手法と対策部品（8） ＜共振防止用ノイズ対策部品によるノイズ対策＞

す。ノイズ対策のための整合は図9の①に示すようなブリッジ終端など
と呼ばれるノーマルモードノイズの抑制ためのインピーダンス整合と、
図9の②に示すようなシングルエンド終端などと呼ばれるコモンモード
ノイズを抑制のためのインピーダンス整合が必要である。

対策部品で行うEMC対策のコスト低減

　ノイズ対策部品は種類が多い。この対策部品の選び方でノイズ対策のコストが変わる。対策部品はどのように選択し、どのように活用すればよいのか、デジタル機器のノイズ対策を例に、ノイズ対策部品の選び方、コスト低減の仕方を考えてみる。

◆**ノイズ対策部品の種類が多い理由**
　ノイズ対策部品は品種が多い。部品の効率化、合理化といえば「標準化」、「品種の削減」が、まず頭に浮かぶ。しかし、ノイズ対策部品はそうも行かない。
　ノイズ対策とは信号を通してノイズを除去することである。この対策に使う、ノイズ対策部品は、それぞれの信号を通すための規格・機能とそこで問題になるノイズを除去するための規格・機能の「組み合わせ」が必要になる。

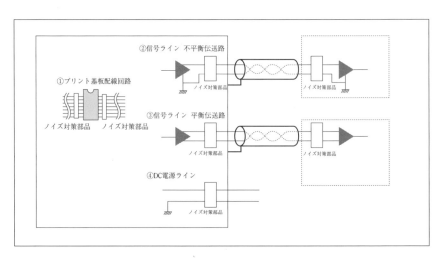

〔図1〕

　種々の機器、種々のポートでは特有の信号が使われ、そうして、その

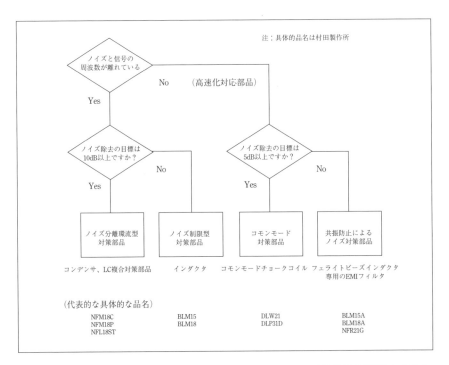

〔図2〕不平衡伝送I/Oケーブルから放射するノイズのノイズ対策部品選択の考え方

信号に伴う種々のノイズが問題になる。ノイズ対策部品は各機種、各ポートで、固有の信号を通して、固有のノイズを除去する機能が必要であり、このため「組み合わせ」の数は多くなる。そうしてこの「組み合わせ」に対応できる対策部品がないポートが1ポートでもあるとノイズ対策は完了しない。

　代表的なノイズ対策部品に"EMIフィルタ（EMI Filter）"と呼ばれているノイズ対策用ローパスフィルタがある。この"EMIフィルタ（EMI Filter）"という言葉はUSA／カナダで使われ始め、1970年代に我が国に入ってきた。その当時、USA／カナダではセットメーカーが機種ごとに、各ポートの信号の規格とノイズ低減の規格を部品メーカーに提示して、ノイズ対策部品が作られることが多く、"EMIフィルタ"の元祖のエリー社などにはオーダーメード（an order）のEMIフィルタを受注するた

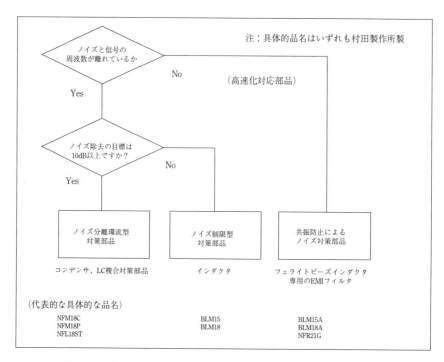

〔図3〕デジタルプリント基板のノイズ対策部品選択の考え方

めのコンピュータを使った設計システムもあった。

　オーダーメード（an order）対策部品を使った対策は対策コストが高い。ノイズ対策部品を既製品化するには多くの品揃えが必要であるが、オーダーメイドするよりは対策コストは格段に安くなる。筆者は我が国ではオーダーメイドはなじまないと思い、品種が多すぎるというクレームを拝受しながら、品種が多くなることを覚悟して、既製品化を進めた。

◆**対策部品によるEMI対策のコストダウンは必要・最低限の対策部品を選ぶこと**

　デジタル機器のノイズなどは電源線、通信線、インターフェースポートなど種々の多くのポートからでており、その最高のノイズレベルがそ

の機器のノイズレベルになる。いかにある特定の少数のポートに高価な
ノイズ対策部品を使って対策をしっかりして、低いレベルのポートのノ
イズレベルをより低く下げてもその機器のノイズレベル（最高値）は下
がらない。そうして　対策を必要とするポートの対策部品をケチると対
策は、いつまでたっても終わらない。

　ノイズ対策部品は効果の大きなものは一般的に価格が高い。中には高
性能になると価格が２桁も３桁も変わることもある。対策部品による
EMI対策のコストダウンの「コツ」は、必要・最低限の対策部品を選ぶ
ことである。

◆デジタル機器のノイズ対策

　ノイズ対策部品は技術的効果、コスト低減の両面で選択が重要である。
デジタル回路基板のノイズ対策を例にノイズ対策部品の選択の仕方を考
えてみる。

　デジタル回路基板は図１に示すように
（１）I/Oケーブルのノイズ対策
（２）プリント配線回路基板のノイズ対策
の二つノイズ対策が必要である。

　また、I/Oケーブルの対策には、平衡伝送路、DC電源ラインなども対
策しなければならない。本稿では不平衡伝送路のI/Oケーブルのノイズ
対策とプリント配線回路基板本体のノイズ対策を例に、ノイズ対策部品
選択方法を考えてみる。

◆信号I/O　不平衡伝送ラインのノイズ対策部品の選択

　ノイズ対策部品のコンデンサ・LC複合対策部品はシェープファクタ
ー（周波数に対するの挿入損失の傾斜）がビーズインダクタなどより大
きく、ノイズ対策効果も大きいがビーズインダクターより高価である。
またコモンモードチョークは共振防止によるノイズ対策に使う高周波損
失が大きいビーズインダクタと比較すると、ノイズ除去効果は大きいが、
高価である。また　コンデンサ・LC複合対策部品はよいグランドがな

いと使えない。これらの条件考慮してノイズ対策部品は選択しなければならない。

　図 2 にデジタル回路基板不平衡伝送路の I/O ケーブルから放射するノイズの対策で用いるノイズ対策部品の選択の例を示す。

　ノイズの周波数と信号の周波数が離れており、かつ大きいノイズ除去効果を必要としない場合の対策はビーズインダクタのようなノイズ制限型対策部品あるいはコンデンサ・LC 複合対策部品のようなノイズ分離環流型対策部品のいずれでも対策が可能である。どちらでも対応が可能な時は安価なビーズインダクタのようなノイズ制限型対策部品を使うのがよい。しかし、ノイズの周波数と信号の周波数が離れていても、大きいノイズ除去効果を必要とするときにはコンデンサ・LC 複合対策部品のようなノイズ分離環流型対策部品を使う必要がある。

　次にノイズの周波数と信号の周波数が接近あるいは重なっている場合について考える。ノイズの周波数と信号の周波数が接近あるいは重なっている場合はローパス型 EMI フィルタは使えない。このため共振防止によるノイズ対策部品かコモンモードチョークが使われる。

　ノイズの周波数と信号の周波数が接近あるいは重なり、かつ大きな対策効果を必要な場合は伝送モードの違いにより信号とノイズを分離してノイズを除去するコモンモードチョークを使う必要がある。コモンモードチョークはノーマルモードの有効信号には影響を与えることなく、大きいノイズ除去効果を得ることができる理想に近いコモンモード対策部品であるがビーズインダクタなどの共振防止による対策部品よりは高価である。

　ノイズの周波数と信号の周波数が接近あるいは重なっている場合で、あまり大きな対策効果を必要としない場合には高周波損失が大きいビーズインダクタなどコモンモードチョークより安価な共振防止によるノイズ対策部品が使われる。

◆プリント配線回路基板のノイズ対策部品の選択
　プリント回路基板本体から放射するノイズ対策部品の例を図 3 に示

す。

　信号の周波数とノイズの周波数が離れている時は信号I/O不平衡伝送ラインのノイズ対策部品の選択の時と同様、大きいノイズ除去効果を必要とする場合の対策はコンデンサ・LC複合対策部品のようなノイズ分離環流型対策部品を使い、大きいノイズ除去効果を必要としない場合の対策はビースインダクタのようなノイズ制限型対策部品が使われる。

　信号の周波数とノイズの周波数が接近したり、重なっている時は、抵抗成分の大きいフェライトビーズインダクタなど共振防止機能を持つ対策部品を使う。コモンモードチョークでノイズ対策をするには、行きと帰りのすべての信号成分がコモンモードチョーク経由するようにしなければならない。プリント配線回路基板内では、ノイズの帰路電流がグランドだけでなく電源ラインなどを通って帰ることもあるため、コモンモードチョークは使いづらい。このため、共振防止対策部品はあまり大きいノイズ除去効果は期待できないが、信号の周波数とノイズの周波数が接近したり重なっているプリント回路基板本体には共振防止対策部品を使う。通常プリント回路基板のノイズの対策にはシールドとノイズ対策部品が併用されるので、このシールドで補完することを考えていただきたい。

　ノイズ対策では満足するレベルのノイズをいくら低減しても何の役にも立たない。しかし、対策を必要とするポートの対策部品をケチると対策はいつまでたっても終わらない。対策部品によるEMI対策のコスト低減の「コツ」は必要・最低限の対策部品を選ぶことである。

　また、新しいシステムが出ると新しい機能のノイズ対策部品が必要になる。部品メーカーにおけるノイズ対策部品の開発と標準化は、将来予測される機器で使う信号とその機器で問題になるであろうノイズを想定し、標準化して、部品群の品揃えをしていく必要がある。

第2編　対策部品の効果の表わし方

対策部品の使い方を学ぶための基礎知識として、初回の総論に引き続き、第2回目の今回はノイズ対策部品の効果の表わし方について学びます。カタログ等ではノイズ対策部品の性能を挿入損失で表わしたり、インピーダンスで表示します。これにはどういう意味があるのか、ノイズ対策部品の選択や、それを採用したときに、どのぐらいのノイズ対策効果が期待できるのかを知り、そのデータの有効な使い方を学びます。

1．ノイズの対策効果

　「対策部品で行うノイズ対策」とは対策部品を挿入することにより、ノイズのレベルを下げることである。この下がるレベルは対策部品の性能の他、使用環境条件によって変わる。そのため同じ対策部品を使っても、使う場所、使っている状態により異なる。

　また対策部品の効果の表示も一定の約束された使用環境条件の下での性能であるため、この使用環境条件がわからなければ活用できない。

　対策部品を挿入することにより下がるレベルの大きさは図1に示すように対策部品の性能と対策部品の使用環境で決まる。

　対策部品の性能は
・対策手法（方式）
・対策部品の回路
・対策部品の素子の定数
・浮遊容量、残留インダクタンスなど、対策部品の寄生（劣化）要因
で決まる。

　また、対策部品で行うノイズ対策の対策効果は対策部品の性能だけでなく、対策部品の使用環境によっても変わる。

　この対策効果に影響を与える対策部品の使用環境には

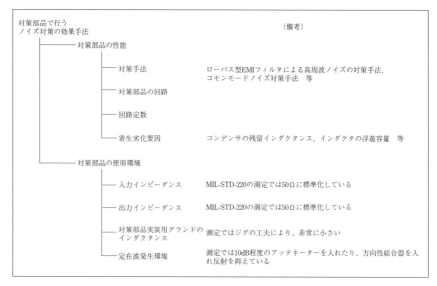

〔図1〕ノイズ対策効果を決める要因

・入力インピーダンス
・出力インピーダンス
・接続用グランドの残留インダクタンス
・定在波の発生環境
などがある。

　対策部品の正味の対策効果を測定するときは、対策効果に影響を与える要因はなくすか標準化する必要があり、入力インピーダンスと出力インピーダンスは、多くの場合50Ωに標準化され、グランドの残留インダクタンスは通常の使用状態より遙かに小さくなるように工夫されたジグを用いて測定する。また、測定系では大きな定在波が立たないよう10dB程度のアッテネーター（絶縁減衰器）を試料の両端に入れたり、方向性結合器が入った測定計で測定している。

2．ノイズ対策効果の表わし方　あれこれ

　ノイズ対策部品の対策効果を表わす方法には挿入損失（insertion loss）で表わす方法、減衰量（attenuation）で表わす方法、インピーダンス（impedance）で表わす方法などがある。図2はギガヘルツ帯対応チップ

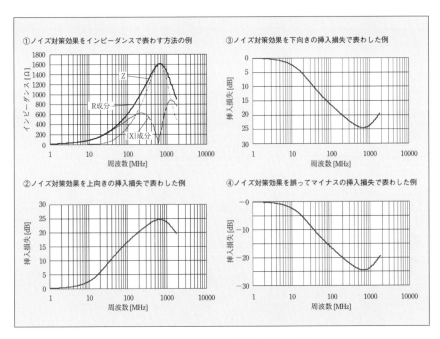

〔図2〕いろいろなノイズ対策効果の表わし方

ビーズインダクタのノイズ対策効果を例に、種々の表現方法を使って表わしたものである。インダクタやコンデンサなどのノイズ対策部品のノイズ対策効果は図2の①に例を示すようなインピーダンスで表わしたものと、図2の②から図2の④のようにMIL-STD-220に準じた挿入損失特性で表現したものがある。また同じ挿入損失周波数特性の表現も図2の②のように上向きに書かれたものや図2の③のように損失を下向きに書いたものがある。そのほか、間違った表わし方ではあるが図2の④のように損失にマイナス（-）を付けたものもある。最もオーソドックスな挿入損失の表現は図2の②のような上向きのグラフである。MILが定着しているアメリカではこのような表現がよく使われる。また村田製作所などでは、ネットワークアナライザーやスペクトラムアナライザーのディスプレーのイメージに合わせるため、図2の③のように下向きにした挿入損失のグラフを使っている。作図ソフトによっては下向きにすると自動的にマイナス記号（-）が付き、小生もうっかりして図2の④のような挿入損失にマイナス（-）記号が付いたデータを提出してしまった

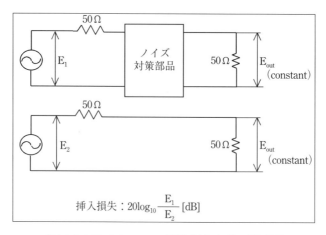

〔図3〕MIL-STD-220　挿入損失定義の説明図

ことがあるが、損失にマイナスを付けると増幅機能の意味になり間違いなので注意すること。

3．挿入損失

　ノイズ対策部品の効果を表わす最も権威のある方法は1959年に制定されたMIL-STD-220に基づく挿入損失（insertion loss）である。この対策効果の表わし方は図3に示すような測定回路にノイズ対策部品を入れた時と、入れない時の出力電圧"E_{out}"が一定になるように信号発生器（signal generator）の出力を可変し、回路にノイズ対策部品を入れた時の信号発生器の出力電圧"E_1"とノイズ対策部品を入れない時の信号発生器の出力電圧"E_2"の比をとりデシベル表示するのを基本にしている。

　またMIL-STD-220では、測定回路のインピーダンスは50Ωに標準化され同軸状のジグの中で測定するよう規定されている。

　カタログ等で通常、測定のインピーダンスが特記されていないときは50Ωで標準化されたものだと考えればよい。しかし、実際にノイズ対策部品を使用する回路のインピーダンスは数Ωであったり、100KΩ台であったり、大きくばらついており、同一のノイズ対策部品であっても使

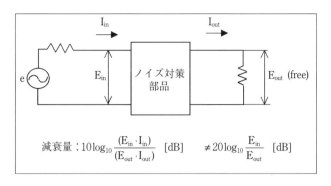

〔図4〕減衰量

用する回路のインピーダンスによりインサーションロスは大きく変化するため、回路のおおよそのインピーダンスを把握し、これを考慮して対策部品を選択し、ノイズ対応の設計をする必要がある。

4．挿入損失と減衰量

　伝送路のエネルギーの減衰を表わす挿入損失と紛らわしい用語に「減衰量（attenuation）」という言葉がある。減衰量とは、図4に示すようにノイズ対策部品を挿入した状態でのノイズ対策部品の入力側の電力（E_{in}とI_{in}の積）と出力側の電力（E_{out}とI_{out}の積）の比を表わすものである。減衰量も挿入損失と同じようにデシベル[dB]で表わされるが、挿入損失のように単純に電圧比で換算したり、電流比で換算することはできない。例えば、エネルギーの比では大きな挿入損失が得られる代表的なノイズ対策部品であるコンデンサの場合、電圧減衰量では図5に示すようにどのような場合でも0（ゼロ）で、電圧の減衰から減衰量（エネルギーの減衰）を換算することはできない。ノイズ対策部品には対策部品内で減衰（変動）を行う機能と、ノイズ対策部品を挿入することにより、挿入する回路の入力インピーダンスで減衰（変動）をおこさせる機能がある。挿入損失はこの両方の変動を反映し実装時に近い表現ができるが、減衰量は入力インピーダンスによる影響は反映されないので挿入損失と減衰量は混同しないようにすること。

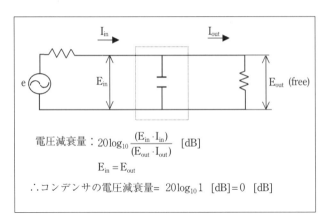

〔図5〕コンデンサの電圧減衰量

5．デシベルと電圧比（挿入損失の物理的意味）

挿入損失は通常デシベル[dB]という単位で表わされる。次にこの挿入損失の単位、デシベル[dB]の物理的な意味について考えてみる。

電力の比を表わす単位にベル[Bel]がある。例えばP_1、P_2という2つの電力があるとすると、この2つの電力比を底が10の常用対数で表わした$\log_{10}|P_1/P_2|$をベル[Bel]という単位で表わす。そうして、この1/10の単位をデシベル[dB]という。P_1/P_2の電力比をデシベル[dB]で表わすと$10\log_{10}|P_1/P_2|$[dB]になる。

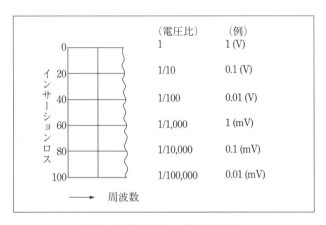

〔図6〕挿入損失の物理的意味

また電力Pと電圧Vと抵抗Rとの間には

$P=V_2/R$

という関係があり、抵抗(R)が一定の場合、電力比を電圧比V1、V2で表わすと電力比は電圧比の二乗に比例し、

$P_1/P_2 = (V_1^2/R) / (V_2^2/R) = V_1^2/V_2^2$

となり、電力の比を電圧を使ってデシベルで表わすと

$10\log_{10}|V_1^2/V_2^2|$ [dB]$=20\log^{10}|V_1/V_2|$ [dB]

となる。

このため、挿入損失が20dBといえばノイズ対策部品を入れることにより、図6に示すように対策部品を入れないときに比べ、電圧比で1/10に減衰することを意味し、40dBといえば1/100に、60dBといえば1/1000に減衰するという意味を持っている。

6．インダクタのインピーダンスと挿入損失

ビーズインダクタなどのノイズ対策部品では、図2の①に例を示したように、ノイズ対策部品としての対策効果を示す方法にインピーダンス特性を用いることがある。インダクタは周波数によりインピーダンスが大きく変わり、ノイズ対策部品としてインダクタを挿入すると各周波数の電流はその周波数のインダクタのインピーダンスで決まる。

図8にインダクタをノイズ対策部品として用いた時のインピーダンスとMIL-STD-220に準拠した方法の挿入損失で表わしたときの関係を示す。

ビーズインダクタなどのインピーダンスを構成する成分には図7に示すようにリアクタンス成分だけでなく抵抗成分もあり、厳密には同じインピーダンスであっても、リアクタンス成分（X成分）と抵抗成分（R成分）との構成比率で少し変わる。各周波数で、そのリアクタンス成分（X成分）と抵抗成分（R成分）との割合は変わるが、いずれの場合も図

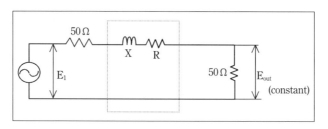

〔図7〕ノイズ対策部品として使われているインダクタの
等価回路

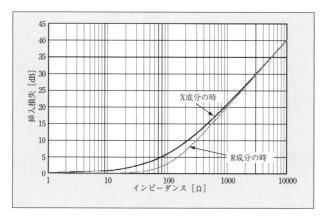

〔図8〕インダクタのインピーダンスと挿入損失との関係

8のR成分が100%の線と、X成分が100%の線で囲まれた範囲に入る。

7．コンデンサのインピーダンスと挿入損失

　コンデンサの場合、カタログでノイズ対策効果をインピーダンスで示すことはまれであるが、文献等では見かけることがある。
　コンデンサも各周波数でインピーダンスが大きく変わり、ノイズ対策を目的にしたコンデンサをライン間あるいはラインとグランド間に挿入すると、このコンデンサのインピーダンスと負荷のインピーダンスの比率によりバイパスする電流すなわちバイパスするノイズ電流の比率が決まる。

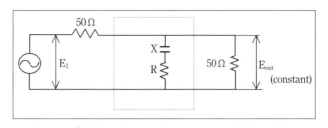

〔図９〕ノイズ対策部品として使われているキャパシタの
　　　　等価回路

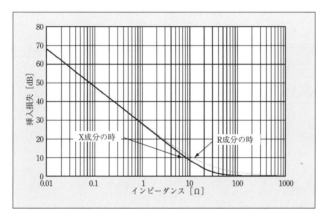

〔図10〕キャパシタのインピーダンスと挿入損失の関係

　図10にコンデンサを対策部品として用いたときのコンデンサのインピーダンスとMIL-STD-220に準拠した方法の挿入損失の間の関係を示す。
　コンデンサの場合も通常のコンデンサには図９に示すようにリアクタンス成分（X成分）だけでなく、抵抗成分（R成分）も持っているので、厳密には同じインピーダンスであっても、リアクタンス成分（X成分）と抵抗成分（R成分）との構成比率で少し変わる。理論的には構成比率で図10のR成分が100％の線とX成分が100％の線で囲まれた範囲に入ることになる。しかし、コンデンサの場合は損失（R成分の比）がフェライトビーズインダクタなどに比較すると小さいため、X成分の線で考えればよい。コンデンサも共振点ではR成分だけになるが絶対値が小さく、

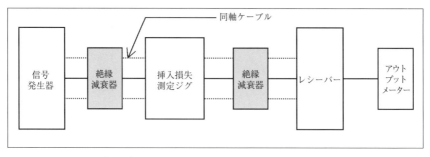

〔図11〕ベーシックな挿入損失測定システム

測定回路のインピーダンス（50Ω）から離れているので位相角が小さく、R成分だけになる共振点でも、X成分の線との差はほとんどない。

8．ノイズ対策部品の効果測定値を活用する時の注意点

　最後に、MIL-STD-220に準拠したノイズ対策部品の効果データを活用するときの注意点をまとめる。基本的には対策部品の使用環境条件を対策部品の挿入損失を決めた時の条件に合わせれば、初期のノイズレベルから挿入するノイズ対策部品の挿入損失を差し引いた値が対策後のノイズレベルになることになる。ノイズ対策部品の対策効果を表わす値は部品そのものの持つ特性へ近づけるために、グランドインピーダンスをほとんどゼロにし、入出力の分離をほぼ完全にして、接続されるラインでの影響を受けないように工夫されている。また、汎用性を持たせるために測定系のインピーダンスを50Ωに標準化し、負荷インピーダンスは純抵抗で標準化されている。このようにして、決められた値がカタログ等に表示されている。ノイズ対策部品の挿入損失を引き出す、あるいはそれ以上の効果を出すにはどのような対策部品を、どのように使えばよいのかを検討をする。

8—1　部品の持つ特性を引き出すための配慮への対応

・入出力の分離

　本来、部品が持つ正味の性能を正確に表わすために、前出のMIL-STD-220の挿入損失測定の規定では同軸空洞内で金属の隔壁により、ほぼ完全に分離された状態で測定するよう推奨されている。そのために貫通型構造のノイズ対策部品では100〜120dBのアイソレーションも可能

である。

　しかし、通常使うプリント基板での入出力のアイソレーションは20～30dB程度である。いくら高性能の対策部品を使っても、実装ではプリント配線基板のアイソレーション以上のノイズ対策効果は理論的に得られない。高性能なノイズ対策部品を使う時は、ノイズ対策効果は配線基板の構造と配線で決まる。配線基板設計の工夫、改善が重要である。

・グランドの残留インダクタンス

　測定ジグのグランド残留インダクタンスも部品が持つ性能を正確に表わすために、極めて小さくなるように工夫されている。貫通型構造のノイズ対策部品測定では1pH程度で測定することも可能である。プリント配線基板ではグランドのプリント電極やビアホールでnHオーダーから0.1nHオーダーの残留インダクタンスが発生する。コンデンサやLC型のノイズを還流するタイプのノイズ対策部品の高周波の対策効果を発揮させるにはグランド配線の設計が重要。ここでも配線基板設計の工夫、改善が重要である。

・定在波

　反射防止の考慮がされていない回路でQが高い対策部品、反射が大きい対策部品を使うと定在波が立ち、信号がひずんだり、二次ノイズの発生の原因になる。測定では試料の近くに図11に示すようにアイソレーション用アッテネータ（絶縁減衰器）を入れたり、方向性結合器を用いたネットワークアナライザーで測定して、定在波が立つのを防いでいる。図11は試料の近くにアイソレーション用アッテネータを設けることを規定しているMIL-STD-220のベーシックな挿入損失測定のシステムを示す。反射防止の考慮がされていない回路で純粋なインダクタからなるコイルやQが高い（損失の小さい）コンデンサやLCのフィルタのようなノイズ対策部品を使うと信号やノイズを反射し、定在波が立ち、信号ひずみの原因になったり、特定の周波数のノイズが増大する発生原因になる。定在波が立つ可能性がある回路では、損失の大きいノイズ対策部品を選択したり、抵抗を併用したり、インピーダンスマッチングをとる等の対策を同時に行う必要がある。

8—2　標準化への対応

・回路インピーダンス

　MIL-STD-220に準拠した評価方法では測定回路のインピーダンスは50Ωに標準化されている。一方、実際の回路のインピーダンスは回路によって、数Ωであったり、100kΩ台であったり、回路により大きくばらついている。挿入損失は回路インピーダンスで大きく変わるので、50Ωから大きく隔たる時は換算し効果を推定する必要がある。

・負荷の種類

　負荷は純抵抗で標準化されている。しかし、実際の負荷は抵抗だけでなく、キャパシティブな負荷もインダクティブの負荷もある。負荷は一旦インピーダンスに直し、判断するのがよい。キャパシティブな負荷やインダクティブの負荷には周波数依存性があるので注意が必要である。

　表1は、本稿で述べた、効果データを活用するときの留意点をまとめたものである。

〔表1〕対策部品効果データ活用時の注意点

部品の対策効果と実際の対策効果に差がでる要因		部品測定時の状態	部品使用時の状態	対策効果データ活用時の注意点
部品の持つ特性を引き出すための配慮	入出力の分離	同軸空洞内で隔壁により、ほぼ完全に分離された状態で測定される。貫通型構造のノイズ対策部品では100〜120dBのアイソレーションも可能。	通常のプリント基板では入出力のアイソレーションは20〜30dB。	プリント基板のアイソレーション以上のノイズ対策効果は得られない。高性能なノイズ対策部品のノイズ対策効果は配線で決まるので配線基板の設計改善に取り組む必要がある。
	グランドの残留インダクタンス	測定ジグのグランド残留インダクタンスは極めて小さい。貫通型構造のノイズ対策部品用では1pH程度で測定が可能。	グランドのプリント電極やビアホールでnHオーダーから0.1nHオーダーの残留インダクタンスが発生する。	コンデンサやLC型のノイズを流すタイプのノイズ対策部品の高周波の対策効果を発揮させるにはグランド配線の工夫が必要です。
	定在波	測定では試料の近くにアイソレーション用減衰器を設けたり、方向性結合器を設けて、定在波が立つのを防いでいる。	信号やノイズをノイズ対策部品や伝送路で反射し、定在波が立ち、信号ひずみの原因になったり、二次ノイズの発生原因になることがある。	反射が大きく、定在波が立ったり、信号がひずむノイズ対策部品を使う場合には抵抗を併用することも検討する。
標準化	回路インピーダンス	50Ωで標準化されている。	回路によっては、数Ωであったり、100kΩ台であったり、回路により大きくばらつく。	50Ωから大きく隔たる時は換算し、効果を推定し、対策部品選定を見直す。
	負荷の種類	純抵抗で標準化されている。	抵抗だけでなく、キャパシティブな負荷もインダクティブの負荷もある。	インピーダンス計算し、判断する。キャパシティブな負荷やインダクティブの負荷には周波数依存性があるので注意が必要。

コラム①

ノイズ対策部品のインピーダンス測定

アジレント・テクノロジー株式会社　荻沼　明彦
Agilent Technologies　　　　　　Akihiko Oginuma

1．ノイズ対策部品の効果とインピーダンス測定

　ノイズ対策部品は、電子機器内の信号ラインに重畳する高周波成分のノイズ信号を低減する目的で使用され、代表的な例として、インダクタが高周波でインピーダンスが高くなる性質を利用してノイズ電流を流れにくくするものがあります。また、今日の電子機器の小型化に伴い、ノイズ対策部品もSMD（Surface Mount Device）化が進み、その部品自身の特性評価も難しくなってきています。ノイズ対策部品は一般的にインピーダンスでその効果を表わす場合が多いため、その特性を正しく評価するインピーダンス（impedance）測定について述べることにします。

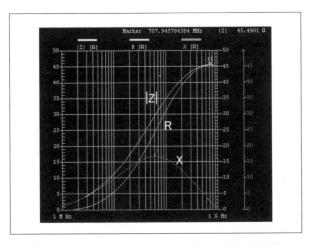

〔図1〕インダクタのインピーダンス周波数特性

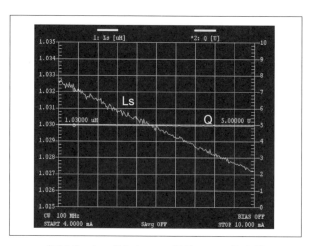

〔図2〕インダクタのAC信号レベル依存性

2. 使用条件によって変わるインピーダンス特性評価

ノイズ対策部品は使用される条件によってインピーダンスの値が変化します。

ここで言う使用条件とは、電気信号の周波数、AC信号レベル、DCバイアスなどのことを示します。設計する回路内での使用条件で事前に値を評価することは信頼できる回路を設計するための重要なポイントとなります。ノイズ対策部品における代表的な部品のインピーダンス特性評価を取り上げます。

（1）周波数依存性

周波数によってインピーダンスが異なる性質を利用したインダクタやコンデンサといったノイズ対策部品にとって、最も重要な特性評価がインピーダンスの周波数依存性です。

図1はインダクタにおけるインピーダンスの周波数特性測定の例を示しています。

インピーダンス成分（Z）にはリアクタンス成分（X成分）だけでなく抵抗成分（R成分）もあるため、その周波数特性を評価により部品の振る舞いを正確に把握することは、実際の回路設計においても重要な指

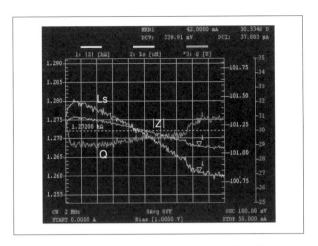

〔図3〕インダクタのDCバイアス依存性

〔図4〕インピーダンス温度特性評価システム
(*恒温器はエスペック社提供による)

標になります。
(2) AC信号レベル依存性
　一般的にコンデンサ（特にセラミック・コンデンサ）はAC信号電圧レベルに依存し、インダクタはAC信号電流レベルに依存します。図2

にこれらの依存性の例を示します。

（3）DCバイアス依存性

　電源ラインに使用されるノイズ対策部品は、DC電圧や電流が重畳した状態で使用されます。コンデンサやインダクタなどはDCバイアス依存性を持つため、素子のインピーダンス値のDCバイアス依存性の評価が重要です。図3に例を示します。

（4）温度依存性

　ノイズ対策部品やその材料は、定格動作温度範囲におけるインピーダンス特性の温度依存性を評価する必要性が高まってきています。図4に弊社から提供している高周波インピーダンス・アナライザE4991Aを用いた温度特性評価システム（−55℃〜+150℃の温度範囲に対応）を示します。

3．測定治具と誤差補正

　部品自身の特性評価を行う場合に、測定器のコネクタ面に適切なケーブルや測定治具を接続して測定を行う必要があります。特にSMD部品測定では、そういったケーブルや測定治具の持つ残留インピーダンスの影響が無視できない場合が多いため、それら誤差を取り除いた測定を行うことで、より正確な部品自身の特性評価を行うことが可能になります。

　一般的なインピーダンス測定器は、フロントパネルのコネクタ面で標準器を用いて校正され（図4参照）、測定確度が仕様化されています。この校正されたコネクタに測定治具を装着した場合の誤差モデルは図5で表わされ、測定面の延長による位相シフト（電気長）誤差と測定治具の持つ残留インピーダンス誤差に大別されます。測定器メーカより供給される治具は、通常、治具の持つ電気長について、mm単位でその誤差を記述しており、電気長補正機能を用いて位相シフトによる誤差を補正します。また、残留インピーダンスの代表的な誤差補正機能としてはOPEN/SHORT補正があります。ショート（インピーダンス0Ω）とオープン（インピーダンス無限大）の2つの状態において測定治具の残留インピーダンスを測定し、実測値を補正します。通常のインピーダンス測

−36−

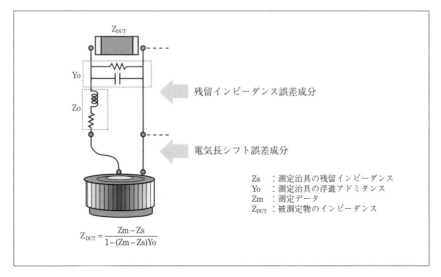

〔図5〕測定系の誤差モデルとOpen/Short補正

定器はOPEN/SHORT補正機能によって測定治具の残留インピーダンスを取り除くことができます。さらに複雑な測定治具の補正にはOPEN/SHORT/LOAD補正も用意されています。

4．さいごに

　ノイズ対策部品のインピーダンス測定について、その使用条件や動作環境を踏まえた特性評価方法を測定例と共に紹介しました。弊社は、部品業界に対する貢献を測定分野から行うために、業界標準機である各種インピーダンス測定器に加えて様々な部品形状・材料に対応する多彩な測定治具を提供しています。

第3編 ノイズ対策の手法と対策部品(1)

ローパス型EMIフィルタによるノイズ対策

今回から各論に入る。今月はノイズ対策の手法のなかのローパス型EMIフィルタを用いたノイズ対策について学ぶ。コンデンサやインダクタなど、このローパス型EMIフィルタを使ったノイズ対策は最も古くから使われているポピュラーな方法である。今月はこの特性を整理・理解し、ローパス型EMIフィルタを効果的に活用するにはどのようにすればよいのか学びたい。

1．ノイズ対策に使われるフィルタ

　ローパス型EMIフィルタは、通常EMIフィルタとかノイズフィルタなどと呼ばれているノイズ除去に使われる最もポピュラーな対策部品である。このローパス型EMIフィルタは、図1ようにインダクタ単体のものやコンデンサ単体のものをはじめ、コンデンサとインダクタを組み合わせたものがあり、多くの機器で使われている。

　ローパス型EMIフィルタとは周波数でノイズと有効信号（または電源電流）を分離し、高周波ノイズを除去するノイズ対策部品である。周波数でノイズと有効信号（または電源電流）を分離するフィルタには、図2に示すようなハイパスフィルタ、ローパスフィルタ、バンドパスフィルタ、バンドエリミネーションフィルタなどがある。これらのいずれのフィルタもEMIフィルタとしてノイズ対策に用いることができ、使われていることもある。しかし、一般に汎用品として通常市販されているEMIフィルタは、この中の低域の有効信号（または電源電流）を通し高域のノイズは除去する機能をもっているローパスフィルタである。ローパス型EMIフィルタはインダクタやコンデンサが周波数によりインピーダンスが変わる特性を利用して、低周波の信号や直流を含む低周波電源

-39-

と高周波のノイズ成分とを分離し、低周波の信号や電源は通して、高周波のノイズを除去する。

　しかし、コンデンサは残留インダクタンスにより高周波域の挿入損失が小さくなり、またインダクタも浮遊容量で挿入損失が小さくなるため、市販されているローパス型EMIフィルタの大部分も高周波域の挿入損失が小さくなり、あたかもバンドパスフィルタのような特性を持つが、市販されているローパス型EMIフィルタの基本設計はローパスフィルタである。

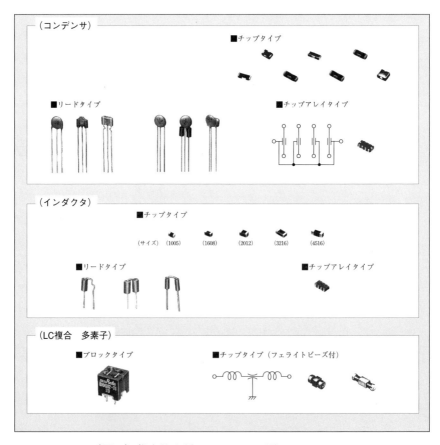

〔図1〕代表的な種々のローパス型EMIフィルタ

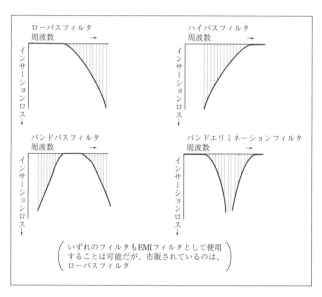

〔図2〕代表的なフィルタの種類

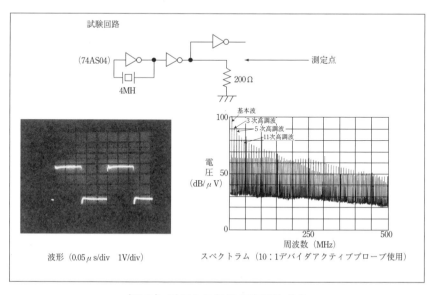

〔図3〕デジタル信号の高周波成分

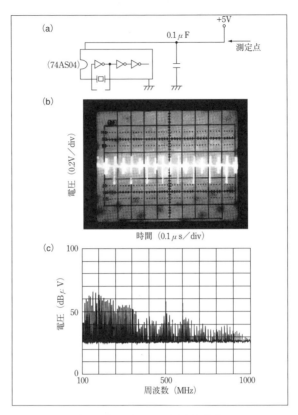

〔図4〕IC電源の高周波成分

2．有用な周波数成分と無用な周波数成分

　信号や電源を構成している周波数成分あるいは信号や電源に含まれる周波数成分には有用なものと、取り除いてもよい無用なものがある。有用な周波数成分あるいは無用な周波数成分には、どのようなものがあるのか確認することにしたい。代表的な例として4MHzのデジタル信号を構成している周波数成分を図3に示し、8MHzで動作しているICの電源でつくられている周波数成分（ノイズ）の例を図4に示す。図4に示す電源に重畳している周波数成分はすべて取り除くのが望ましい不要な成分である。図3に示すデジタル信号に含まれる周波数成分の大部分はデ

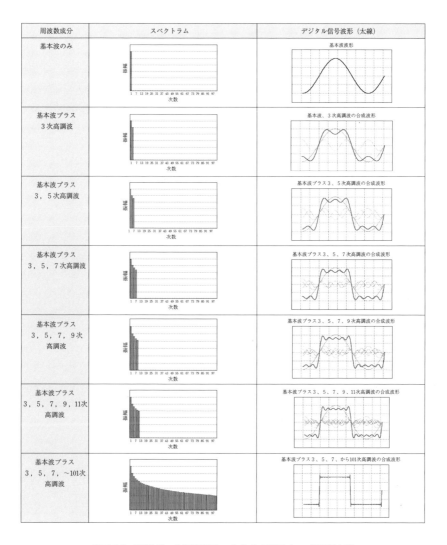

〔図5〕周波数（高調波）成分とデジタル信号波形

ジタル信号を構成する高調波であるが、この中にも実用上、必ずしも必要としない周波数成分を多数含んでいる。

図5は周波数成分（高調波）とデジタル波形の関係を調べたものである。通常デジタル信号として用いられている信号は図3に示すように、

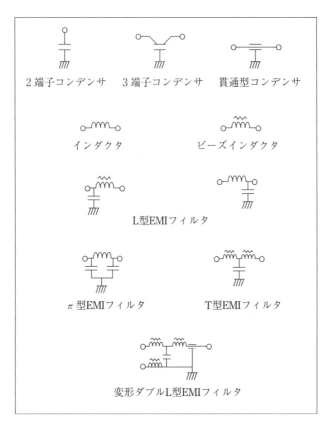

〔図6〕代表的なローパス型EMIフィルタ

数十次あるいは百次をこえる高調波で構成されている。デジタル信号に必要な信号の質は用途により異なるが、基本波と3次高調波だけの波形でも実用上、支障はない場合もある。このような信号回路や電源回路で、取り除いても支障のない高周波成分など、不要な周波数成分を取り除くことによるノイズ対策が、ローパス型EMIフィルタを使ったノイズ対策である。

3．EMIフィルタの構成（素子数）と特性

ローパス型EMIフィルタは図6に例を示すように、2端子コンデンサ、

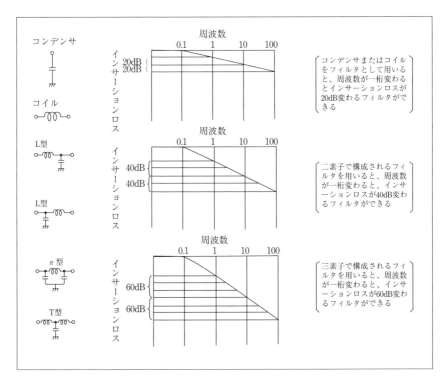

〔図7〕EMIフィルタの構成（素子数）と特性

　3端子コンデンサ、貫通型コンデンサ、あるいは巻き線コイル、ビーズインダクタなどの1素子のもの、インダクタとコンデンサから構成された2素子のL型フィルタ、3素子構成のT型フィルタやπ型フィルタ、特殊な5素子構成の変形ダブルL型フィルタなどがある。

　ローパス型EMIフィルタは構成しているコンデンサとインダクタの素子数により、挿入損失―周波数の傾斜が変わる。理想的なコンデンサとインダクタで構成したローパス型EMIフィルタは、図7に示すように、コンデンサまたはインダクタ単体のローパス型EMIフィルタでは周波数が1桁大きくなるごとにインサーションロスが20dBずつ増加する傾斜を示す特性になり、コンデンサが1素子とインダクタが1素子の2素子構成のL型のローパス型EMIフィルタでは周波数が1桁大きくなるごと

に40dBずつ増加する傾斜を示す特性になる。またT型やπ型など3素子構成のローパス型EMIフィルタでは周波数が1桁大きくなるごとに60dBずつ挿入損失が増加する傾斜の"挿入損失―周波数特性"が得られる。"挿入損失―周波数特性"の傾きが大きい複数素子のEMIフィルタは、信号の周波数とノイズの周波数が接近していて、ノイズを除去しようとすると信号まで減衰させたり、信号を歪ませたりするおそれのある信号ラインのノイズ対策に用いられるが、大きい複数素子のEMIフィルタはこの他にも、高周波領域でより大きなノイズ除去効果が必要な場合にも使用されることがある。

4．外部回路のインピーダンスとローパス型EMIフィルタの特性

　前項でフィルタの素子数でフィルタの周波数の変化に対する挿入損失の変化（傾斜）が決まることを述べた。これだけなら、例えばT型とπ型のEMIフィルタの構成素子数は3素子と同じであり、理想的な素子で構成されたT型とπ型のEMIフィルタの特性は全く同じことになる。

　しかし、これらのEMIフィルタを実際に回路に入れて使う場合は接続される外部の回路のインピーダンスによりノイズ除去効果が変わる。このため接続する回路のインピーダンスにより使い分けると、より大きなノイズ除去効果を期待することができる。

　接続する回路がハイ・インピーダンスの場合には、コンデンサ入出力タイプ（コンデンサ単体、π型、ダブルπ型など）のEMIフィルタを、ロー・インピーダンスの場合には、コイル入出力タイプ（インダクタ単体、T型、ダブルT型など）のEMIフィルタを使用するとより大きなノイズ除去効果が得られる。

　また、入力側と出力側の接続する回路のインピーダンスが大きく異なる場合には、L型やダブルL型を用いてインピーダンスの低い回路の方にはフィルタのインダクタンス側を、またインピーダンスの高い回路の方にフィルタのコンデンサ側を接続して使用するとより大きなノイズ除去効果が得られる。

　図8に入出力回路とフィルタの選択の基準を示す。また、入出力（回

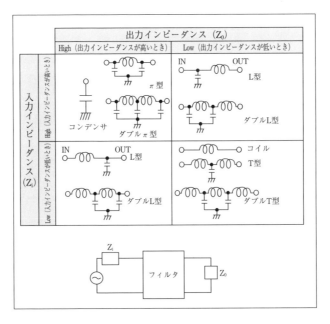

〔図8〕入出力回路のインピーダンスとフィルタの選択基準

路）インピーダンスにより、コンデンサを使った場合とインダクタを使った場合とでは挿入損失がどのように変わるか、代表的なコンデンサである100pFの3端子コンデンサと代表的なインダクタである100MHzで600Ωのチップフェライトインダクタで調べた結果を図9に紹介する。

　図9からコンデンサはインピーダンスが高い回路に接続する場合は、小さな静電容量のコンデンサでも大きな挿入損失が得られ有利であり、インダクタは回路のインピーダンスが低い回路に接続して使用する時に有利であることがわかる。図9上図のように、100pFのコンデンサでも回路インピーダンスが1kΩ、5kΩなど大きい時には大きなノイズ除去効果が得られるが、5Ω、50Ωなど回路インピーダンスが小さいときには大きなノイズ除去効果は期待できない。一方、図9下図のように、100MHzで600Ωのインダクタは回路インピーダンスが10Ω、50Ωと小さい時に大きいノイズ除去効果得られるが、この同じインダクタでも、回路インピーダンスが5kΩ、1kΩと大きいときには、ノイズ除去効果が

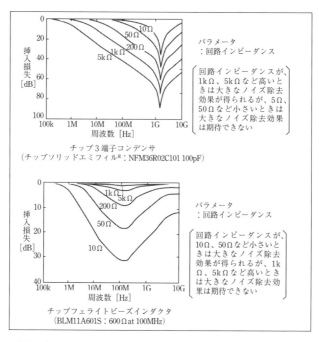

〔図9〕コンデンサ、インダクタと回路インピーダンス

ほとんど期待できないことがわかる。

5．定数と特性（容量値やインダクタンス値とフィルタの特性）

　次に静電容量の容量値やインダクタのインダクタンス値など、フィルタの素子の定数が変わるとEMIフィルタの特性はどのような変わり方をするのか、また、ノイズ除去効果を向上させるためにL型やπ型やT型などの多素子のフィルタも使われるが、素子の定数を変えた時と多素子のフィルタを使った時との特性の変わり方の違いについて考えてみる。

　コンデンサの容量値やインダクタのインダクタンス値を大きくすると図10に示すように"インサーションロス―周波数特性"の傾斜は変わらず全周波数にわたり、インサーションロスが大きくなり、ノイズ除去効果が向上する。逆に、容量値やインダクタンス値が小さくなると全周波数にわたりノイズ除去効果が小さくなる。

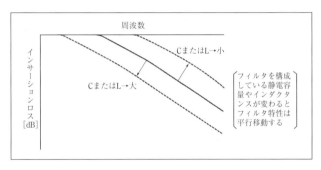

〔図10〕素子の定数とフィルタ特性

6．ローパス型EMIフィルタの選択方法

　ローパス型EMIフィルタはコンデンサの静電容量やインダクタのインダクタンスを大きくすると"インサーションロス―周波数特性"の傾斜は変わらず、全周波数にわたりインサーションロスが大きくなり、L型やπ型やT型などコンデンサやインダクタの素子の多いフィルタに変えていくと"インサーションロス―周波数特性"の傾きが大きくなり、高域のノイズ除去効果が向上する。

　このため、単純にノイズ除去効果を向上させたいときにはコンデンサの静電容量あるいはインダクタのインダクタンスなどフィルタの定数の大きいものを選ぶ、またはL型、T型、π型などの多素子のフィルタに変えるというどちらの方法も使える。

　低い周波数からノイズ除去効果を向上する必要がある場合には、フィルタの定数の大きいものを選べばよい。また、有効信号とノイズの周波数が接近していて、有効信号を減衰させてしまうおそれのある中でノイズ除去効果を向上させる必要のある場合には、L型やT型やπ型などの多素子のフィルタを選択する必要がある。

　表1に、どのようなときにフィルタ素子の定数を大きくすればよいのか、多素子のEMIフィルタを使えばよいのか、フィルタの使い分けの考え方をまとめた。

参考文献

1）坂本幸夫 "現場のノイズ対策入門" 日刊工業新聞社

〔表1〕フィルタの選び方（フィルタ素子の定数を大きくすれば良いのか、多素子のフィルタを使えばよいのか）

条件	EMIフィルタの選び方
単純にノイズ除去効果を向上させたい場合	フィルタ素子の定数の大きいものにするかまたは、L型、T型、π型などの多素子のフィルタを選ぶ
低い周波数のノイズ除去効果を向上させたい場合	静電容量やインダクタンスなどフィルタ素子の大きいフィルタを選ぶ
有効信号とノイズ周波数が接近していて、フィルタにより有効信号を減衰させるおそれのある条件下で、ノイズ除去効果を向上させたい場合	L型、T型、π型などの多素子のフィルタを選ぶ

コラム②

ロングランを続けるローパス型EMIフィルタ "BNX"

株式会社　村田製作所
Murata Manufacturing Co.,Ltd.

坂本　幸夫
Yukio SAKAMOTO

櫻井　雄吉
Yukichi SAKURAI

あまり知られてはおりませんが、商品化してから20年間静かにご愛顧をいただいているユニークな"BNX"と命名されているローパス型EMIフィルタがありますのでご紹介します。

〔写真1〕

1．万能のノイズフィルタをつくったら億万長者になれる

ひとつのノイズフィルタで問題になる全てのノイズを除去するというのは、非常に困難なことであることを、ノイズ対策に携わるものはよく知っています。ノイズを抑えるためには、除去すべきノイズを調査して、そのノイズに対して適当なノイズフィルタを選定する必要があります。場合によっては複数のノイズフィルタを使用しなければならない状況になることも少なくありません。この"BNX"というノイズフィルタは、ノイズのこの世界をよく知っている方が、「もし万能のノイズフィルタをつくることができたら億万長者になれるのだがな」と独り言を言っているのを聞き、DC電源回路用に絞れば万能に近いものができるのではないかと思い、開発・商品化したものです。

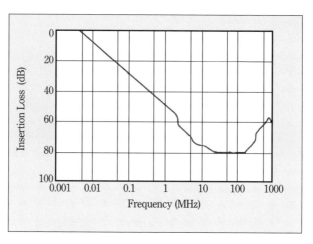

〔図1〕

2．設計

　"BNX"シリーズは、ALL BAND FILTERを目指して、500kHz～1GHzにおける挿入損失の目標を40dB以上にしました。図1に"BNX"の挿入損失特性を示します。

　根拠は、ノイズ対策が必要な周波数の設定を、下限はAM中波放送の下限である約500kHzとし、上限は当時のノイズ規制の公規格上限であ

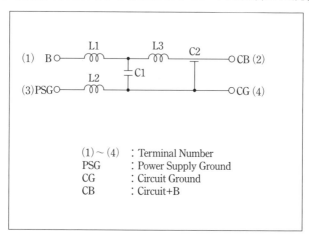

〔図2〕

-52-

った1GHzとしたためです。

　回路は図2に示すように、低域は大容量の積層コンデンサに担当させ、高域は貫通型コンデンサとビーズインダクタに担当させています。大容量の積層コンデンサと貫通コンデンサとの間に挿入損失特性の隙間がでるといけないので、積層コンデンサも高周波特性を考慮し4端子構造にし、また、高周波ノイズは放射で問題になることが多いので、放射ノイズの発生源となるコモンモードノイズも抑えられるように高周波ノイズを担当するビーズインダクタをグランドラインにも入れました。

3．信頼性

　50Ωのラインで500kHzにおける挿入損失を40dB（電圧比1/100）得るには1μF以上のコンデンサが必要です。当時ようやく1μFを超える積層セラミックコンデンサが実用化の段階にありました。しかし1μFを超える積層セラミックコンデンサはセラミック誘電体の積層枚数が非常に多く、例えば誘電体として使われるセラミックのシート100m2に1個の欠陥しかなかったとしても、数万個に1個は欠陥がでることになり、常時DC電源電圧を印加するDC電源回路用ローパス型EMIフィルタに使うのには信頼性が心配でした。

　そこで積層誘電体シートを2枚重ねることにしました。理由は、重ねた2枚のシートの欠陥箇所が重なる確率は天文学的数字になるはずだからです。それでも1年間ぐらいは心配でしたが、欠陥は出ず、2枚のシートの欠陥箇所が重なる確率はやはり天文学的数字だったようです。

　"BNX"は、その後誘電体の信頼性を飛躍的に向上させ、設計の改善も加えたことから、商品化から20年が経過した今も信頼性が高いと評判の商品です。

4．よいローパス型EMIフィルタはよいインパルス性ノイズの対策部品になる

　ローパス型EMIフィルタ"BNX"は、DC電源電流や50Hz、60Hzなどの商用交流電源電流は通し、高周波ノイズを除去するローパス型EMIフィルタとして開発し、お客さま方にもカタログ等でそのような使い方を

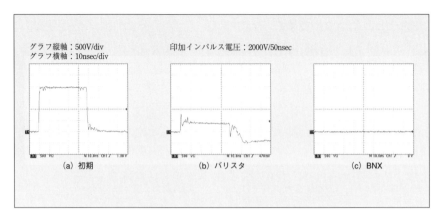

〔図3〕インパルス性ノイズ対策の実際の測定結果

お薦めしております。しかし、"BNX"はそのような使い方だけでなくインパルス性ノイズの対策部品としても活用していただいております。

　周波数特性のよいローパス型EMIフィルタは静電気やスパイクノイズのようなインパルス性ノイズを除去する対策部品としての機能も持っています。高周波の特性がよいローパス型EMIフィルタは、他のノイズ対策部品ではとれないような立ち上がり、立ち下がりのスピードが速いインパルス性ノイズを除去することができます。また1μFを超えるような大きいコンデンサを用いたローパス型EMIフィルタならパルス幅が相当広いインパルス性ノイズも除去できます。

　そのためローパス型EMIフィルタ"BNX"は、開発当時にスパイクノイズが問題になっていた電話交換機に使われました。"BNX"は現在もインパルス性ノイズの対策を主目的にご愛顧いただいているものがたくさんあります。

　インパルス性ノイズの対策部品の選択では、バリスタやダイオード、ツェナーダイオードなど電圧・電流非直線性抵抗素子の中から考えがちですが、静電気放電のように立ち上がり、立ち下がりが速く、パルス幅の小さなインパルス性ノイズの対策では周波数特性のよいローパス型EMIフィルタの方が有利です。

　図3は立ち上がり、立ち下がり時間が早く、パルス幅の小さいインパ

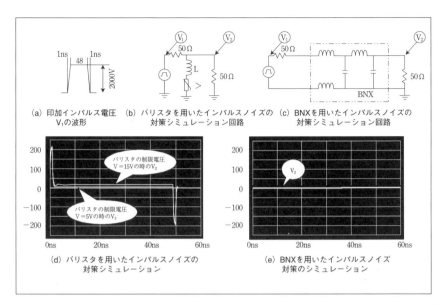

〔図4〕インパルス性ノイズ対策のシミュレーション結果

ルス性ノイズを、バリスタとローパス型EMIフィルタ"BNX"で対策した時の実際の測定結果で、図4は対策効果をポピュラーなSpiceでシミュレーションしたものです。

　両方の結果とも、通常のバリスタで対策した時は立ち上がり、立ち下がり時に数100Vのサージ電圧が残っていますが、"BNX"で対策した結果では電圧の変動はほとんどありません。

　なお、バリスタでサージ電圧が残る原因は、残留インダクタンス（L）によりバリスタが働き出す時間が遅れたり、逆起電力を発生するためです。また、図3の実測結果において、バリスタのパルスの吸収性が小さく感じられますが、これは検討に用いたバリスタ自体の制限電圧が大きいためであり、実際にバリスタの制限電圧を10V程度まで小さくすることは非常に困難です。

　バリスタの場合、たとえ制限電圧が変わった（小さくなった）としても、立ち上がり、立ち下がり時のピークのサージ電圧を変えることはできず、それは図4のシミュレーションの結果からもわかります。

５．まとめ

　新しく機器を開発している時など、その機器が発生する中波のノイズがAMラジオに入りその対策で悩まされた、ということを時々聞きます。低い周波数のノイズの対策には大きな容量のコンデンサが必要で、案外大変です。電解コンデンサであれば大容量のコンデンサは容易に入手できますがESR（直列等価抵抗）が大きく、大きいノイズは残ってしまいます。このような時には、是非"BNX"を試して下さい。

　"BNX"はサージなどが原因で発生する低域から高い周波数にわたり、拡散しているノイズの対策に最適です。

　また、現在は新製品の開発にも着手しており、現行品の優れた特性を維持しながら、小型化を考慮し、時代のニーズに合った商品の拡充にも注力しています。

第4編 ノイズ対策の手法と対策部品(2)

ローパス型EMIフィルタのコンデンサ

今月はコンデンサについて学ぶ。コンデンサには、ローパスフィルタの機能と電池のように電圧の変動を抑えることによりノイズの発生を抑制する性質があり、ノイズ対策ではこれらの性質を生かしローパス型EMIフィルタとして用いたり、電源バイパスコンデンサとしてノイズ対策に活用される。

1. コンデンサで行うノイズ対策

コンデンサには低周波の電流は流し難く、高周波成分は流しやすいという性質がある。高周波ノイズが重畳しているライン間、あるいはラインとグランドの間にこのコンデンサを接続すると、低周波の信号にはあまり影響を与えず、重畳している高周波ノイズ成分はグランドラインや帰路のラインにバイパスさせる、高周波ノイズを除去するローパス型EMIフィルタの特性がある。

コンデンサに周波数f[Hz]の正弦波電圧が印加されると

$$Z = -j\frac{1}{2\pi fC} \quad [\Omega]$$

というインピーダンスが発生する。

この式からわかるようにコンデンサで発生するインピーダンスは周波数fの関数で、周波数が高くなるとインピーダンスは反比例し、小さくなり、高周波電流が流れやすくなる。このような特性を持つコンデンサを線路間、あるいは線路とグランド間に挿入すると高周波のノイズだけ

-57-

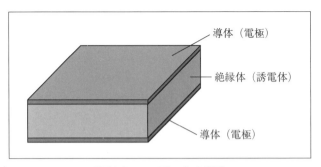

〔図1〕コンデンサの構造

をグランドや帰路にバイパスさせ高周波ノイズを除去することができる。

またコンデンサは、もともと図1のように、「二つの導体によって囲まれた絶縁体（誘電体）に電荷および電界を閉じこめて、できるだけ外に逃がさないよう工夫した装置」であり、電荷を一時的に蓄積するための装置である。

このコンデンサの二つの導体の電位差"V"[V]と、コンデンサの静電容量"C"[F]と、その時蓄えることのできる電荷"q"[C]の間には

$$C = \frac{q}{V}$$

という関係がある。すなわち、コンデンサに加わる電圧"V"が大きくなる時には電荷を吸収して（溜め込んで）"q"も大きくなり、電圧"V"が小さくなる時は電荷を吐き出し"q"が小さくなるという、電圧の変動を抑える電池のような性質があり、この性質も電源バイパスコンデンサとしてノイズ対策に活用される。

通常、高周波ノイズを除去するローパス型EMIフィルタとしての前者のコンデンサの評価は挿入損失（Insertion loss）で行い、電池のような電圧の変動を抑えるノイズ対策の後者のコンデンサの評価はインピーダンスで行われる。

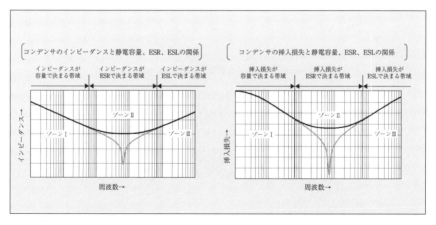

〔図2〕コンデンサのフィルタ特性は何で決まるか

2．ノイズ対策に使われるコンデンサの性能と選択

　ノイズ対策にはセラミックコンデンサ、アルミ電解コンデンサ、タンタルコンデンサ、樹脂フイルムコンデンサなどが使われる。

　コンデンサには静電容量、耐電圧（定格電圧）、誘電体損失、漏れ電流（絶縁抵抗）、温度特性、周波数特性などの機能や安定性、安全性を決める多くの特性があり、一般的なコンデンサとしては静電容量、耐電圧、絶縁抵抗、誘電体損失、温度特性、信頼性、寿命特性、半田耐熱などの実装性などで選択されるが、ノイズ対策用コンデンサでは静電容量とESR（残留抵抗）、ESL（残留インダクタンス）が重視される。

　理由は図2（コンデンサのフィルタ特性は何で決まるか）に示すように自己共振点より低域の周波数帯では挿入損失の大きさやインピーダンスが静電容量で決まり、自己共振点より高域の周波数帯では挿入損失の大きさやインピーダンスがESLで決まり、自己共振点付近の周波数帯では挿入損失の大きさやインピーダンスがESRで決まるからである。

3．コンデンサの静電容量で決まる低域

　図2（ゾーンⅠ）のコンデンサの静電容量で決まる低域のノイズ対策効果を説明する。

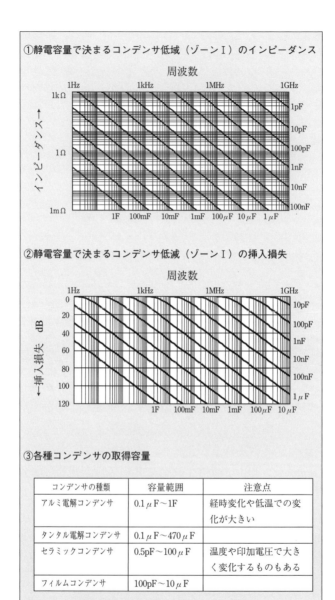

〔図3〕低域の周波数帯（ゾーンⅠ）では挿入損失の大きさやインピーダンスが静電容量で決まる

最近はGHz帯など高い周波数のノイズ対策で悩まされている方が多いためなのか、高い周波数のノイズ対策は難しく、低い周波数のノイズ対策は簡単だと考えている人も多いようであるが、低い周波数帯のノイズの対策もそれなりに難しい問題があり、対策のコストもかかる。先日も、「新しい機器を開発したら中波帯のAMラジオに妨害を与える。コンデンサで対策したが効かない」とのMailをいただき、確認すると、1000pFのコンデンサで対策を検討されていた。500kHzで40dBぐらいノイズを下げるには1μFぐらいのコンデンサが必要である（図3を参照）。また、例えばオーディオ機器の電源に周波数の非常に低い50～60Hzの商用電源のハムが重畳しているのを対策するような場合には数千μFのコンデンサが必要になり、対策が大変でコストもかかる。

　コンデンサ自己共振点以下のノイズ対策効果はコンデンサの静電容量で決まる。図3に"静電容量とインピーダンスとの関係"、"静電容量と挿入損失の関係"、および"代表的なコンデンサの取得できる容量"を示す。

　自己共振点以下の低域周波数帯で行うノイズ対策は図3の①、あるいは図3の②から必要な容量値を決め、必要なコンデンサを選べばよい。ただし、アルミ電解コンデンサは経時変化や低温で容量値が変化し、セラミックコンデンサは温度や印可電圧で容量値が変化するものがあるのでその変化を見込んで選ぶ必要がある。

４．コンデンサのESL（残留インダクタンス）で決まる高域

　次に、図2（ゾーンⅢ）のESL（残留インダクタンス）で決まるコンデンサの自己共振点を超えたノイズ対策効果を説明する。

　図4①のように、理想的なコンデンサは、周波数が高くなればコンデンサのリアクタンスが小さくなり、インピーダンスは下がり、挿入損失はどこまでも大きくなるはずである。このため、理想的なコンデンサであれば、高域では小さい容量のコンデンサでもノイズ除去ができノイズ対策は容易になるはずである。

　しかし、通常のコンデンサでは、図の③に示すように、コンデンサと

－61－

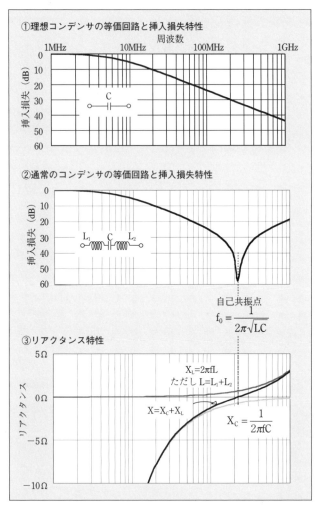

〔図4〕理想的なコンデンサと通常のコンデンサの周波数特性

直列にESLの"L"が発生し、コンデンサの各周波数におけるインピーダンス(リアクタンス)はコンデンサのリアクタンスとESLの"L"でできるリアクタンスとのベクトル和

$$|Zc| = |2\pi fL - (1/2\pi fC)|$$

になる（絶対値は位相が180度異なるので差になる）。

　このため、通常のコンデンサのインピーダンスは、コンデンサのリアクタンスXcと残留インダクタンスのリアクタンス分XLの絶対値が等しい周波数foに共振点のピークが現われ、その共振点より高域では残留インダクタの特性に支配され、挿入損失が小さくなり、ノイズ除去効果が減少してしまう。

　コンデンサ自体のESL "L" はコンデンサの電極構造やリード線の長さなどにより発生するものであるが、実装時にはこれに配線の残留インダクタンスも加わる。

　このように、通常のコンデンサには除去できる上限がESLで決まる帯域がある。

　図4②、③は残留インダクタンスが0.5nH、静電容量が1nF（1000pF）のコンデンサの挿入損失-周波数特性を示したものである。ESLはコンデンサの電極構造や寸法により大きく異なり、図5の①に示すようにコンデンサの種類により3桁から4桁という大きな差がある。そのコンデンサの共振点を超えた高域のインピーダンスを図5の①に示し、挿入損失を図5の②に示す。

　数10MHz程度までのノイズは、残留インダクタンスが数nHの普通の二端子コンデンサで除去できるが、デジタル機器のノイズなどのような数100MHzのノイズを除去する場合には、ESLが0.5〜0.6程度の三端子のコンデンサような小さいものが必要になり、GHz帯のノイズを対策するにはチップ3端子コンデンサのようなESLが0.1nHを割るようなコンデンサが必要になる。

　また、スルータイプ（貫通型）のコンデンサは上手に使えば残留インダクタンスをゼロに近くすることができる。

　3端子コンデンサとは、構造と等価回路を図6に示すようにコンデンサのホット側の端子を入力側と出力側の2本にすることによりホット側で生じる残留インダクタンスLs1をなくし、さらにこのLl、L2を積極的にチョークとしてフィルタ素子に利用してノイズ除去効果を改善したものである。

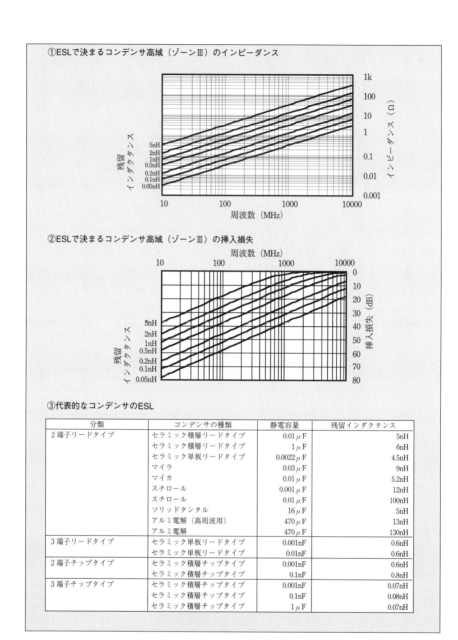

〔図5〕共振点を超えた高域（ゾーンⅢ）でのESLの影響

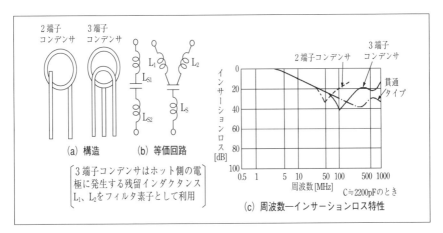

〔図6〕3端子コンデンサの等価回路と特性

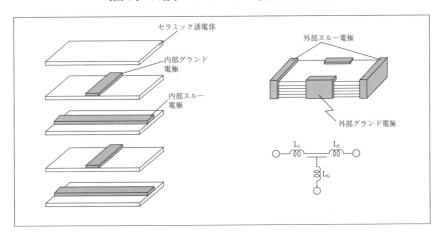

〔図7〕積層チップ3端子コンデンサの構造と等価回路

　3端子コンデンサは図7に構造、等価回路を示すようなチップタイプ（面実装タイプ）のものも作られ最近はこれが主流になっている。

5．コンデンサのESR（直列等価抵抗）で決まる共振点付近

　残った図2の（ゾーンⅡ）、ESR（直列等価抵抗）で決まるコンデンサの自己共振点付近のノイズ対策効果を説明する。

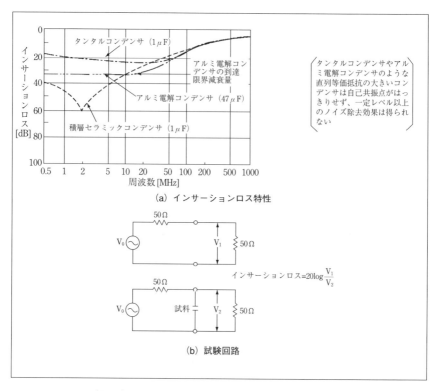

〔図8〕ESRの大きいコンデンサの挿入損失特性

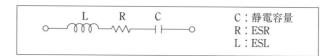

〔図9〕コンデンサの等価回路

　種々のコンデンサの挿入損失を測定してみると、図8のタンタルコンデンサやアルミ電解コンデンサのように挿入損失の周波数特性が鍋底形状になり、自己共振点がはっきりせず、容量やESLに関係なく挿入損失が20～30dBしかとれない特性のものがある。
　一般のアルミ電解コンデンサやタンタル電解コンデンサは構造や材料の面から直列等価抵抗が比較的大きく、等価回路は図9に示すように直列等価抵抗（ESR）を考慮したものが必要になる。トータルインピーダ

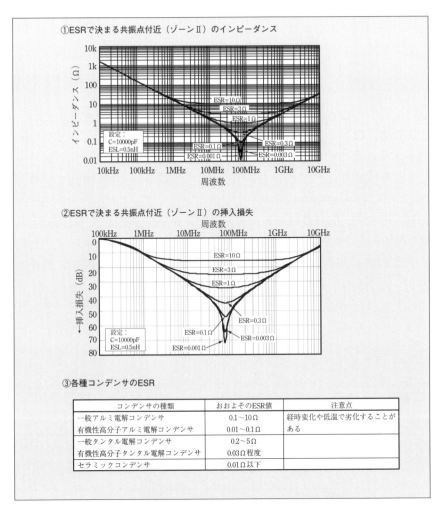

〔図10〕共振点付近（ゾーンⅡ）でのESRの影響

ンス（R+jwL−j/wC）は "C"（静電容量）をいくら大きくしても、"L"（ESL）をいくら小さくしても、"R"（ESR）以下には、コンデンサのトータルインピーダンスを下げることはできない。これがコンデンサのESRの影響である。

　図10①、②にコンデンサのESRがコンデンサの自己共振点付近でイン

ピーダンスに与える影響と挿入損失に与える影響を示し、図10の③に代表的なコンデンサであるアルミ電解コンデンサ、タンタル電解コンデンサ、セラミックコンデンサのおおよそのESRの値を示す。図10①からESRが10Ωならインピーダンスは10Ω未満になることはなく、10Ωで鍋底型になり、ESRが1Ωなら1Ωで鍋底型になることがわかる。

図10の②はラインのインピーダンスが50Ωの時のESLと挿入損失の関係を示したものである。同じESLでもラインのインピーダンスにより与える影響が変わる。ラインインピーダンスが高い回路ではESRの影響は小さいが、電源回路のようにラインのインピーダンスが小さい回路では影響が大きい。図11に回路インピーダンスが5Ω、50Ω、500Ωの時、各のESRで到達できる挿入損失を示す。

大きい挿入損失が必要な時はESRの小さいコンデンサを探す必要があるが、見つからない場合、このような現象を改善する方法にラインインピーダンスを一旦高くして使用する方法がある。電源のようにラインインピーダンスの低いラインで、直列等価抵抗の大きなアルミ電解コンデンサだけで対策しようとすると十分なノイズ除去効果が得られず、カー

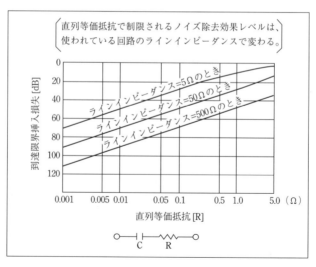

〔図11〕直列等価励行による到達限界挿入損失

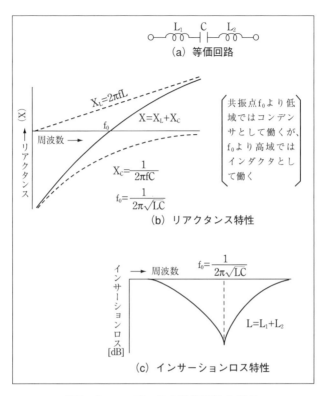

〔図12〕コンデンサの等価回路と特性

オーディオ装置の電源回路にアルミ電解コンデンサを使用していると、トンネルの中など電波の弱いところではAGC（自動ゲインコントロール）のゲインが上がり、ソレノイドコイルから発生するノイズやイグニッションノイズのような大きいノイズを拾ってしまうことがある。カーオーディオ装置の電源もラインインピーダンスが低く、電源に使用したアルミ電解コンデンサの到達限界の挿入損失が小さいため、このような回路では電解コンデンサの前に2～3mHのチョークコイルを入れ、ラインインピーダンスを一旦上げて電解コンデンサを使うことがある。

6．コンデンサの並列接続使用の落とし穴

　低域から高域まで幅の広い周波数帯のノイズを除去する目的で、低周波ノイズを除去するための大容量のコンデンサと高周波のノイズを除去する目的のESLの小さい小容量のコンデンサを並列に接続して使用されていることがある。

　しかし、異種のコンデンサを並列使用すると共振し、却ってノイズ除去効果が損なわれることがあるので注意が必要である。安易に異種のコンデンサを並列接続して使用すると共振現象が現われ、その周波数の付近でノイズ除去効果が大きく損なわれることがある。

　通常のコンデンサには前述のように、リード線や電極に残留インダクタンスがあり、等価画路は図12に示すようなコンデンサCとインダクタL（L=L1+L2）との直列回路になっている。

　このコンデンサのリアクタンスとインダクタのリアクタンスの絶対値が等しくなる周波数

$$f_0 = 1/2\pi\sqrt{LC}$$

で自己共振が現われる。

　図12（b）の実線は残留インダクタンスを持つ通常のコンデンサのリアクタンス特性を表わしたものである。この図からわかるように共振点f_0より低い周波数ではマイナスのリアクタンス、すなわち容量性のコンデンサとして働き、共振点f_0より高周波側ではプラスのリアクタンス、すなわち誘導性のコイルとして働く。

　このため図13のように自己共振点の周波数f_0が異なる二つのコンデンサを並列に接続すると、二つのコンデンサの自己共振周波数間、すなわち図13のゾーンⅡにおける等価回路は容量性素子と誘導性素子の並列回路となり、並列共振現象が現われ、図14に示すように共振点の付近ではノイズ除去効果が大きく劣化してしまう。

　このような現象はフィルムコンデンサやセラミックコンデンサなどのように損失が小さい（Qが高い）コンデンサを使用したときに顕著に現われるが、最近商品化されたESRの小さい機能性高分子アルミ電解コン

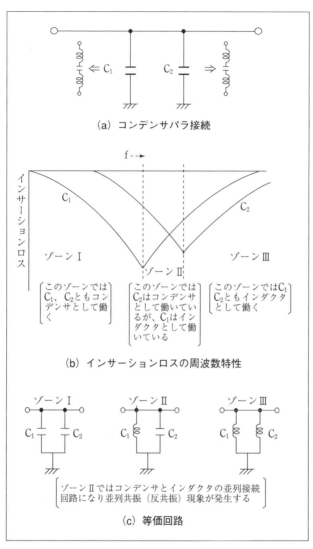

〔図13〕2つのコンデンサの共振点の間のゾーンでは
L－Cの並列回路ができる

デンサや高分子タンタル電解コンデンサでも同様の現象が現われるので注意が必要である。

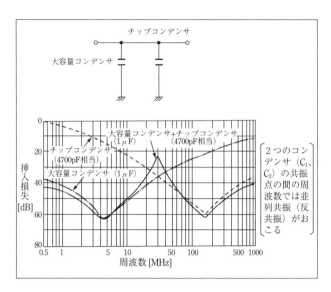

〔図14〕異種のセラミックコンデンサを並列接続したときの挿入損失特性

こうしたコンデンサ同士の共振現象を防止するには、
①コンデンサのどちらかに損失の大きいコンデンサを使う
②コンデンサとコンデンサの間にフェライト、ビーズインダクタを挿入する
などの方法がある。

　前者の損失の大きいコンデンサを使う方法は、前述のようにあまり損失の大きいコンデンサを使うと大きな挿入損失が得られなくなるという問題が発生する可能性がある。後者は部品点数が一点増えるという難点はあるが、特性の面では広い範囲で大きい挿入損失が得られる。

　図15は高周波ノイズを除去するための小容量コンデンサとフェライト、ビーズインダクタの代わりに、小容量のコンデンサとフェライト、ビーズインダクタが組み込まれているT回路のチップチューブタイプのEMIフィルタ（NFM610村田製作所製）を用いることによりこうした現象を防止した例である。

参考文献

1) 坂本幸夫 "現場のノイズ対策入門" 日刊工業新聞社
2) 坂本幸夫、本田幸雄 "環境電磁ハンドブック（4.1.2 コンデンサ）" 朝倉書店
3) 坂本幸夫 "デジタルノイズ対策入門講座（13）" 電子技術 2003年3月号, 日刊工業新聞社

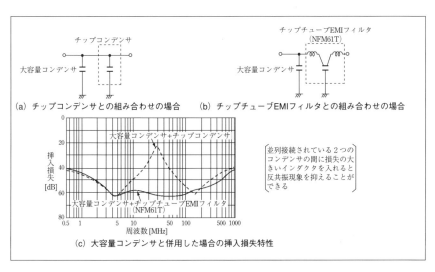

〔図15〕特性改善の例

コラム③

3端子コンデンサの歴史

坂本　幸夫
Yukio SAKAMOTO

株式会社　村田製作所　　間所　新一
Murata Manufacturing Co.,Ltd.　　Shin-ichi MADOKORO

　ポピュラーなデジタルノイズの対策部品として活用いただいている3端子コンデンサの変遷を紹介します。

1．3端子コンデンサの原型

　3端子コンデンサといえば、リードタイプの3端子コンデンサか、チップタイプの3端子コンデンサを頭に思い浮かべられる方が多いかと思うが、3端子コンデンサはそれ以前にも原型はあった。

　無線放送、無線通信は1895年にマルコニーの無線電話装置の発明から始まり、1920年にはアメリカでラジオ放送が開始され、その後ラジオ放送は各国に普及した。また通信の分野でも無線が活用されるようになり、

〔写真1〕リード付き3端子コンデンサ開発のヒントに
　　　　なった3端子構造の接地型コンデンサ

〔写真2〕リード付き3端子コンデンサ

1950年代には短波帯（3MHz〜30MHz）も通信に使われ始めた。この短波帯の通信機器では周波数が高く、通常の2端子のコンデンサが使えない回路もあり、接地コンデンサ（stand off capacitor）が使われていた。通常、接地型コンデンサのホット側端子は1つであるが、この接地コンデンサの高周波特性をより向上させるために、写真1のようなホット側の端子を2つにした接地コンデンサが作られ、使用された。

リード付き3端子コンデンサの開発はこれがヒントになっている。

2．3端子コンデンサの誕生

筆者が勤務していた村田製作所には、上記の接地コンデンサをはじめ、通信機等産業機器に使われる貫通型コンデンサや産業機器に使われるリード付きコンデンサなど産業機器用コンデンサを専門につくる工場があった。この工場では設計品質に余裕をもたせ、できあがった製品には全数スクリーニングをするなど信頼性管理を徹底していたため、高信頼性を必要としていた産業用機器メーカーから重宝がられ収益もよかった。

しかし、1970年代後半になると民生機器用コンデンサの信頼性が上がり、産業用コンデンサとの差があまりなくなった。

信頼性が高いことは当たり前の時代になった。そのため、産業機器用コンデンサの工場の幹部を集め、「信頼性が高いことは当たり前の時代になり、信頼性で差別化はできない、今後は機能の違う（高い）コンデ

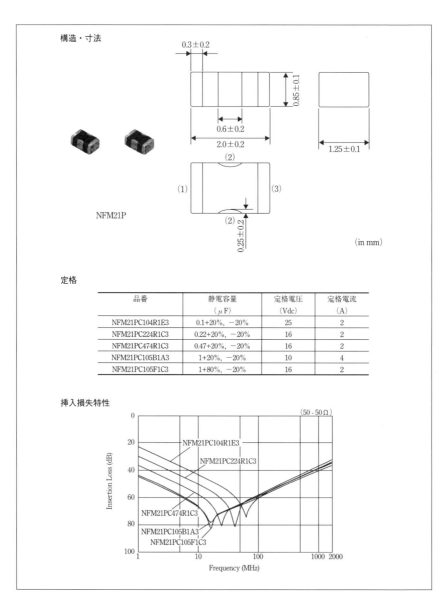

〔図1〕特性、定格も改善・拡大したチップタイプ3端子コンデンサ

ンサで特徴を出そう」ということを相談し、その一つとしてリード付きのコンデンサも3端子にすると高周波特性が良くなるはずだということで検討を始めた。

　1970年（昭和45年）前後からは、デジタル信号を用いたパソコン等IT（情報技術）装置が使われ始め、このデジタル信号を用いたIT（情報技術）装置ではデジタル信号の高調波がノイズとなり、各国で情報技術（IT）装置のノイズの法規制が検討され始め、3端子コンデンサのような部品がこの対策に必要になるだろうと考えていた。

　検討を始めて間もなく、情報処理用のパソコンではなかったが、タイミングよく、こんなものは作れないかとUSA最大の自動車電装メーカーから3端子コンデンサの引き合いをいただき、エンジンコントロールユニットに採用された。

　当時のエンジンコントロールユニット（コンピュータ）は1MHzのクロックが使われていたが、この高調波が自動車に搭載されているFMラジオに入り1MHzごとにFM放送が抑圧される周波数帯ができた。3端子コンデンサはこの対策に使われた。

3．普及

　写真2のような商品化したリード付き3端子コンデンサは500MHz程度までのノイズに除去効果があり、一方、本命の当時の情報技術（IT）装置のクロック周波数は8MHz程度で、これらから発生するノイズは300MHz程度までであった。このため考案した3端子コンデンサで十分対応がとれるはずのものであった。しかし3端子コンデンサは機器の回路やシステム全体に精通し、適切に使用しないと本来の特性が出ないためセットメーカーにサンプルを提供して試験的に搭載していただくとノイズが十分に除去出来ない事態が頻発した。そのために設計・試作中のセットを機器メーカーから借り受けて、実装方法等ノイズ対策手法の研究・検討をお客さんと一緒にし、使い方の指導やサービスを始めた。そうして、これら実地のノイズ対策で得た具体的解決手法を広く業界で利用していただくために、積極的に機会をとらえてセミナー活動を行い、

また、専門雑誌、新聞、書籍等に寄稿、執筆もした。

このようにして3端子コンデンサは、同時に商品化したビーズインダクタとともに情報技術（IT）装置には不可欠なEMIフィルタとして育っていった。

4．チップ化

1985年ごろからは、セットのSMT（表面実装技術）の流れに対応すべく、チップタイプの3端子コンデンサの開発・商品化に取り組み、チップ（SMT）化を行った。3端子コンデンサのチップ化はSMT化、小型化にとどまらず、積層構造を採用したことにより取得容量が飛躍的に拡大し、残留インダクタンス（ESL）も小さくなり用途が広がった。図1に代表的なチップ3端子コンデンサの仕様と特性を示す。

3端子コンデンサはコンデンサ自体のESLが小さく、また2端子のコンデンサに比べ配線による影響も受けにくいことからプリント配線で使う高周波特性のよいコンデンサとして、これからも用途が広がっていくものと期待している。

第5編 ノイズ対策の手法と対策部品(3)

ローパス型EMIフィルタのインダクタ

今月は代表的なローパス型EMIフィルタ、インダクタで行う高周波のノイズ対策について学ぶ。インダクタによるノイズ対策とは、インダクタのインピーダンスが周波数により変わり、高周波ではインピーダンスが高くなるのを利用し、高周波のノイズ電流を制限する方法である。インダクタによるノイズ対策はコンデンサに並ぶ、最もポピュラーな手法の一つであるが、今月はその原理、特性を整理・理解し、より効果的に活用するにはどのようにすればよいのか学びたい。

1. インダクタで行うノイズ対策

　図1に示すように電流が導体に流れると導体の周囲に磁束ができ、磁界が発生する。このようにして発生した磁界は導体に流れる電流を一定にしようとする性質がある。すなわち、式（1）に示すように電流が変化すると、その変化に応じて導体の両端に逆起電力と呼ばれる、電流の変化を抑える抵抗勢力としてはたらく電圧Ｖが発生する。ちなみに、流れる電流を1 [A／秒]の割合で変化させ、導体の両端に1 [V]の逆起電力が発生した場合、この導体が発生する抵抗勢力を1 [H]（ヘンリー）のインダクタンス（Inductance、記号：L）と呼んでいる。

$$V = -\frac{di}{dt}L \quad \dotfill (1)$$

　インダクタンスは電流の変化の大きさにより抵抗勢力が変わる。電流の変化のない定常状態の直流に対しては、電流の流れを阻止するはたらきはなく、サイクル変化の遅い低周波の電流に対する抵抗勢力は小さくなり、電流変化の速い高周波の電流は阻止するという性質がある。周波

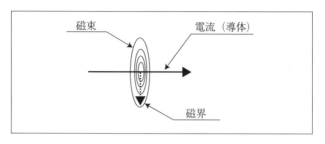

〔図1〕電流と磁界

数がf[Hz]の時、その周波数における抵抗勢力であるリアクタンス（Reactance、記号：X）は式（2）のようになる。

$$X=2\pi fL\,[\Omega] \cdots\cdots\cdots\cdots\cdots\cdots\cdots\cdots\cdots\cdots(2)$$

このインダクタンスを高周波ノイズが重畳しているラインへ直列に入れることにより、直流や低周波の電源、信号は通し、高周波のノイズを抑制することができる。これがインダクタで行うノイズ対策である。

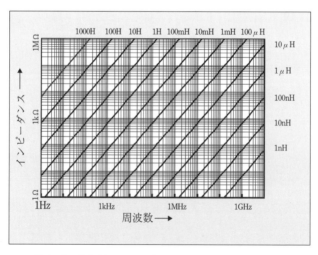

〔図2〕理想的なインダクタのインダクタンスと
　　　インピーダンスの関係

2．ノイズ対策に使われるインダクタの性能と選択

　インダクタにはインダクタンス、電流容量（定格電流）、損失、直流抵抗、温度特性、周波数特性などの機能や安定性、安全性を決める多くの特性があり、これらの特性で使用するインダクタは選択される。

　理想的なインダクタのインダクタンスL [H]と周波数f [Hz]とノイズ除去効果が決まるインピーダンスZ[Ω]（＝リアクタンスX）間には式（3）のような関係があり、この関係を図2に示す。図2は理想的なインダク

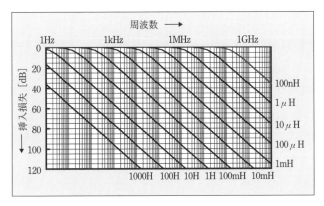

〔図3〕理想的なインダクタのインダクタンスと挿入損失の関係

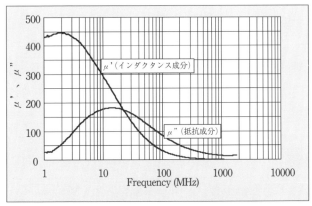

〔図4〕代表的なフェライト磁性体特性

タのインダクタンスとインピーダンスの関係を示したものである。

$$|Z| = 2\pi fL \, [\Omega] \quad \cdots\cdots\cdots\cdots\cdots\cdots\cdots (3)$$

　また、特性インピーダンスが50 [Ω]の回路に、理想的なインダクタを直列に入れたときのインダクタンスL [H]と周波数f [Hz]と挿入損失IL [dB]とには
式（4）のような関係があり、これを図3に示す。図3は理想的なインダクタのインダクタンスと挿入損失の関係です。

$$IL = 20 \log \left[\frac{\sqrt{(50+50)^2 + (2\pi f L)^2}}{50 + 50} \right] \cdots\cdots (4)$$

　1MHz付近から、ノイズ対策が必要なAC電源回りのノイズ対策をインダクタで行うには1〜10mH程度のインダクタが必要であり、100MHzのノイズ対策が必要なデジタルノイズの対策には数μHのインダクタが必要であることがわかる。

　しかし、フェライトなどの強磁性体をコアに使ったインダクタは図4に例を示すように定数である透磁率が周波数により大きく変化し、また、特定の周波数では磁性体損失が急に大きくなり、磁性体損失の方がインピーダンスに大きく寄与する周波数帯が現れたりして、インダクタンス値のL自体が周波数により変動して理想的な状態とは大きく隔たることが多いため、高周波ノイズ対策用のインダクタではインダクタンスを取引の規格値に採用したり、設計の定数として使うことはほとんどない。実際の取引では、規格値には100MHzなど、特定の周波数でのインピーダンス値や挿入損失値が用いられ、ノイズ対策設計データにはティピカルのインピーダンス−周波数特性や挿入損失−周波数特性の測定データなどが用いられたりしている。

3．インダクタの浮遊容量と高周波帯域のノイズ除去性能

　前述のように、このインダクタ（コイル）はコンデンサと並ぶ最もポ

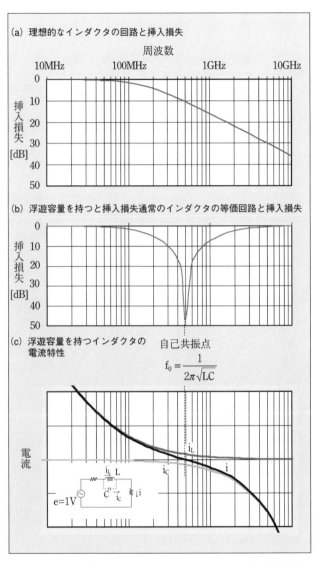

〔図5〕浮遊容量を持つ通常のインダクタの周波数特性

ピュラーなノイズ対策部品の一つであるが、インダクタもコンデンサと同様に、本来なら除去効果が大きいはずの高域のノイズがとれないこと

がある。この原因は浮遊容量とか寄生容量と呼ばれているインダクタと並列に発生する静電容量である。理想的なインダクタは図5(a)に示すように高域の挿入損失は大きくなるはずであるが、通常ノイズ対策に用いられるチョークコイル（インダクタ）などの場合、各線間や両電極間には静電容量が発生し、この静電容量がインダクタとパラレルにはいる。このため図5(c)に示すように、インダクタ（コイル）とコンデンサのパラレルの等価回路（タンク回路）ができ、高域ではインダクタのインピーダンスは大きくなり、インダクタを流れる電流iLは小さくなっていくが、浮遊容量を流れるノイズ電流icは増えて、iLとicの絶対値が等しい周波数f0＝1/(2π$\sqrt{LC}$)に並列共振点が現われ、それより高域では浮遊容量Cのインピーダンスはますます小さくなり、浮遊容量Cを漏れる電流Icが大きくなって、共振点を越えた周波数ではインサーションロスが小さくなってしまう。図5は100[nH]のインダクタに1[pF]の浮遊容量がある時の状態を数表ソフトで計算をしたものである。

　100MHzを超えるデジタルノイズの対策には通常ビーズインダクタ、あるいはチップビーズインダクタと呼ばれるインダクタが使われる。これらのビーズインダクタ、チップビーズインダクタは浮遊容量が非常に小さく、100MHz台のノイズを除去することができる。

　商用AC電源ラインのノイズ対策に用いられているコモン・モードチョークコイルや従来のDCラインチョークコイルには、数pF〜数10pF程度の浮遊容量があるものがある。このため数100kHz〜数MHz付近に共振点が現われ、これを越えるとノイズ除去効果が低下する。

　1970年台の後半からデジタル機器が使われるようになり、このデジタル機器から100MHzをこえる放射ノイズがでることがわかり、これに対応する部品として、前出の3端子コンデンサと、このビーズインダクタを提供したところ、これがデジタルノイズの対策にはなくてはならない部品になったという経緯がある。

　フェライト・ビーズインダクタには浮遊容量が小さいという特徴の他に、高周波で損失が大きくなるというノイズ対策に好都合の特性もある。そのため、これをビーズインダクタがデジタルノイズの対策部品に使わ

れる一義的理由と勘違いしていることもあるが、ビーズインダクタでより重要なのは浮遊容量が小さく、高周波帯域のノイズ除去機能があることである。ビーズインダクタ、チップビーズインダクタが高周波帯域でのノイズ除去に使われているのは高周波帯域のノイズ除去機能があるためであることを理解いただきたい。

　ビーズインダクタと呼ばれるのは中心に小さい穴のあいたビーズ形状のフェライトに金属導体を貫通した構造のためです。ビーズインダクタは入力側の導体と出力側の導体が完全に隔離でき、入出力間に発生する浮遊容量が極めて小さいのが特徴である。

　ビーズインダクタも1980年台後半から、チップ形状のものが作られ始め、このチップになったチップビーズインダクタと呼ばれるインダクタは、構造的にはビーズと呼ばれる特徴はないが、通常の浮遊容量の大きいチップインダクタと区別するためにチップビーズインダクタという名

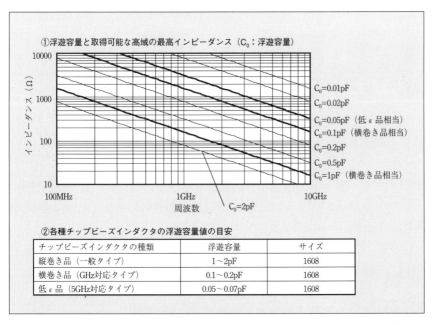

〔図6〕浮遊容量とインダクタ

-85-

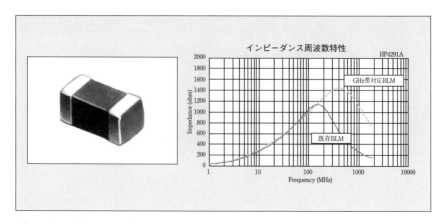

〔図7〕従来のチップビーズインダクタとGHz帯対応チップビーズの特性比較

前を残し、これが広まっていったものである。

4．GHz帯対応のインダクタ

　図6にチップビーズインダクタの浮遊容量値（Co）と高域周波数帯のインピーダンスをシミュレーションした結果を示す。

　通常のチップビーズインダクタの浮遊容量は1～2pF程度であり、改善された「横巻きタイプチップビーズインダクタ」とか、「GHz帯対応チップビーズインダクタ」と呼ばれる巻線方法を改善したチップビーズインダクタは、浮遊容量が0.1～0.2pFで、2GHz程度まで、大きなノイズ除去効果がある。通常のチップビーズインダクタと「GHz帯対応チップビーズインダクタ」と呼ばれている浮遊容量をより小さくしたインダクタのインピーダンス周波数特性の比較を図7に示す。そうしてその後も、チップビーズインダクタは磁性体の低誘電率化の研究や小型化の研究が進められており、5～10GHzのノイズ対策も可能な浮遊容量が0.01pF以下のチップビーズインダクタも現実のものになってきている（本紙の「EMC Column」を参照下さい）。

5．インダクタの自己共振点と高域のフィルタ特性

　インダクタをノイズフィルタとして使用する場合もコンデンサの時と

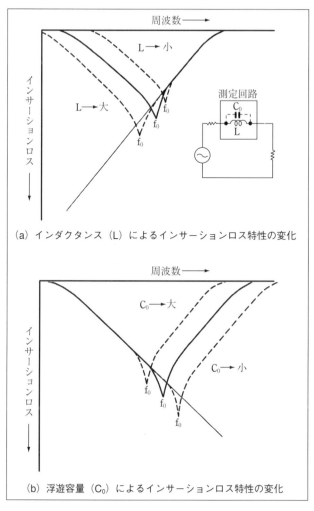

〔図8〕インダクタの共振点とノイズ除去効果

同様、図8（a）に示すようにインダクタンスの値を小さくすれば自己共振点は高域に移動するが、この場合も高域のインサーションロスは改善していない。

　インダクタをノイズフィルタとして利用する場合、高域のインサーションロスを改善するには図8（b）に示すように浮遊容量（等価並列静

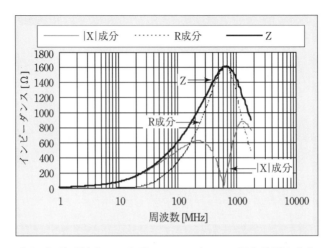

〔図9〕強磁性体コアを用いたインダクタの損失(抵抗)成分

電容量) の小さい特殊な構造のインダクタを使う必要がある。
　インダクタの自己共振点より高い周波数の挿入損失特性はインダクタの大きさには関係なく、浮遊容量C_0の大きさで決まる。

6．インダクタの損失とノイズ対策

　前出のように、ビーズインダクタは磁気損失の大きいものが多く、磁気損失が大きいとノイズ対策には使いやすいということが有名になっている。磁性体にフェライトを用いたインダクタには図9に示すように一定の周波数帯で周波数依存性の抵抗成分が大きくなり、この周波数帯では共振や定在波の発生が抑制され、信号の歪みが抑制されるなど、ノイズ対策に好都合な現象がある。図9で特性を示したインダクタは前出の図4のフェライトを用いたインダクタである。このようなフェライトには図4に示すように特定の周波数でμ''と呼ばれる大きな磁性損失、周波数に依存するR成分が発生する周波数帯がある。
　図10にリンギングが発生する周波数帯に磁気損失（R成分）があるチップビーズインダクタと、リンギングが発生する周波数帯の磁気損失（R成分）が小さいチップビーズインダクタを挿入して、リンギングの

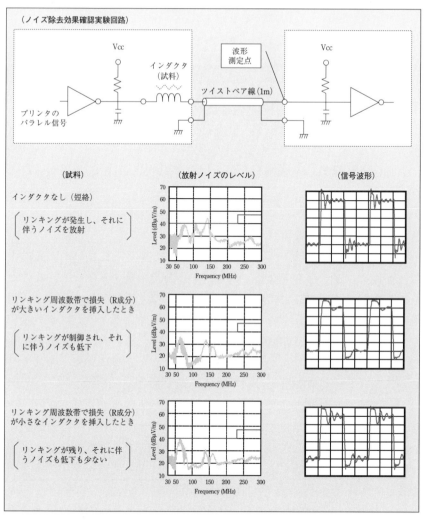

〔図10〕インダクタの損失とノイズ除去効果

抑制効果とそのリンギングに伴う放射ノイズの抑制効果を実験で比較した結果を示す。図10からリンギングが発生する周波数帯で磁気損失が発生し、大きいR成分があるとリンギングが抑制され、それに伴う放射ノイズも小さくなることがわかる。

このような特性はビーズインダクタだけに限らず、フェライトのような強磁性体をコアに用いたインダクタでみられ、特にフェライトの閉磁路で構成されているインダクタで顕著に現れる。

また、リアクタンスで発生するX成分インピーダンスの大きさと磁気損失で発生する、R成分のインピーダンスの大きさが同じになるポイントをクロスポイントと呼んで、このポイントを下げる競争をしている技術者もいるが、このクロスポイントは低ければよいというものではない。リンギング、発信、定在波などが発生する周波数帯にR成分があるか否かが重要である。

7．インダクタ活用の留意点

インダクタ、特にビーズインダクタと呼ばれているインダクタは小型・安価で、端子数も少なく、実装による特性の変化も少ない。このため、高周波ノイズの対策には非常に便利で、なくてはならないノイズ対策部品として多用されているが、周波数帯域でインダクタンスや、損失が支配的であったり、浮遊容量が支配的になったり、かつ、定数であるはずの比透磁率 μ'、 μ'' が周波数により大きく変わるため、今はやりのシュミュレーション等では扱いづらい面がある。

ビーズインダクタを商品化した当初、EMCの大先生から部品屋はインダクタンスの値も規定せずにインダクタをビジネスにしていると苦言をいただいたこともあるが、強磁性体を用いたインダクタは特定点のインダクタンスなどが決めてあっても役に立たず、却って誤解を招くもとになることもある。

前述のように、強磁性体を使ったインダクタは基本の定数のはずである比透磁率 μ が周波数により大きく変わるだけでなく、普通透磁率、初期透磁率、変分透磁率、微分透磁率などの用語があるほど、測定条件でも大きく変わる。このため、特定の周波数の透磁率またはインダクタンスと周波数を基にして、各周波数のインピーダンスや挿入損失を推定するのは難しい。ビーズインダクタを使ったノイズ対策の設計ではティピカルな部品の周波数特性から推測したり、使用状態に近い状態で測定さ

-90-

れた代用的なSパラメータ等のデータを部品メーカーから提供し、推定する方法をとるのがよいと思う。

参考文献
1）坂本幸夫 "現場のノイズ対策入門" 日刊工業新聞社
2）坂本幸夫 "デジタルノイズ対策入門講座(14)"，電子技術2003年5月号，日刊工業新聞社

コラム④ チップフェライトビーズの進化

坂本　幸夫
Yukio SAKAMOTO
株式会社　村田製作所　間所　新一、西井　基、大槻　健彦
Murata Manufacturing Co.,Ltd.　Shin-ichi MADOKORO,　Hajime NISHII,　Takehiko OHTSUKI

　チップフェライトビーズは日々進化している。6GHz帯のノイズにも対応できるチップフェライトビーズも商品化できた。このチップフェライトビーズの歩みと新しく開発された6GHz帯対応のチップフェライトビーズを紹介する。

1．ビーズインダクタ

　コイルとか線輪とも呼ばれるインダクタは、本来の機能から考えると高域でのノイズ除去効果はより大きくなるはずである。しかし、実際のインダクタでは除去効果が大きいはずの高域でノイズがとれないことが起こる。コイル内部の電極間や外部の端面電極間、あるいはコイルの内部電極と外部の端面電極間に発生する浮遊容量とか寄生容量と呼ばれる静電容量にノイズ電流がバイパスされてしまうからである。

　原型のビーズインダクタは写真1のように、中心に穴があいた円柱状フェライトコアへリード線を通したものであった。このビーズインダクタは入力側の導体と出力側の導体が完全に隔離でき、入出力間に発生す

〔写真1〕リードタイプビーズインダクタ

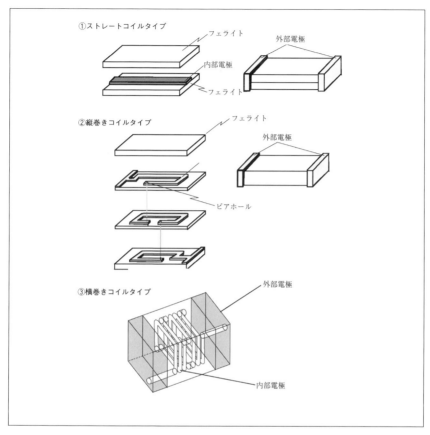

〔図1〕チップフェライトビーズの構造

る浮遊容量が極めて小さいということと、ノイズを吸収できるように挿入損失（抵抗成分）の大きい材料を選択したのが特徴である。

　1970年代にはいると、ぽつぽつとパソコン等のデジタル機器が使われるようになり、1970年代後半にはFCCやCISPRなどでパソコン等、デジタル信号を使う情報技術（IT）装置の放射ノイズが話題に上がり始めた。この対策には300MHz程度までのノイズを除去できる対策部品が必要であった。この対策部品に使用していただくために、先月紹介した3端子コンデンサとこのフェライトビーズインダクタを準備し、推奨した。

1980年代にはいるとIT装置のノイズ法規制が始まった。そうして、3端子コンデンサとビーズインダクタは、IT装置のノイズ対策部品の切り札的存在になった。

2．チップ化
　1980年代に入ると電子機器の製造では、表面実装技術(SMT)による部品実装が主流となった。この流れに対応すべく、表面実装部品（SMD）としてチップタイプのビーズインダクタを開発し、1986年に発売した。このチップフェライトビーズは図1に示したようなフェライト積層体にストレート電極を設けた構造である。構造的にはビーズと呼ばれる特徴は無いが、通常のチップインダクタ（チップコイル）とは異なり、浮遊容量が小さく、ノイズ帯域で損失が大きいということをご理解いただくために"ビーズ"という名前を残した。このSMD商品はその後、第2世代の巻き線コイル構造のものを追加し、急成長を遂げた。村田製作所では1992年にはチップタイプのビーズインダクタが全ビーズインダクタの50％を越えるまでに成長した。

3．進化
　チップフェライトビーズはさらに進化を続けている。積層構造を活かした大インダクタンス品（第2.5世代）を加え、1998年には、コンピュータの高速化、GHz帯域の電磁波を使う携帯電話等に対応すべく、GHz帯のノイズにも対応した横巻きコイルタイプ品（第3世代品）を加えた。
　そして、無線LAN、ETC、光トランシーバー、次世代コンピュータなどのEMIに対処すべく、100MHz〜6GHzという高周波・広帯域に対応できる第4世代のチップフェライトビーズを商品化した。

4．100MHz〜6GHz帯対応のチップフェライトビーズ
　村田製作所は、この度GHz帯のノイズ除去効果に優れた次世代のチップフェライトビーズBLM18GGシリーズを開発した。
　ノイズ対策に用いるチップフェライトビーズはインピーダンスが大き

	第1世代 ストレートコイル タイプ	第2世代 巻き線コイルタイプ	第2.5世代 巻き線コイルタイプ （大インピーダンス品）	第3世代 横巻きコイルタイプ （100MHz～2GHz対応）	第4世代（今回の開発品） 低誘電率磁性体タイプ （100MHz～6GHz対応）
発売	1986年6月	1990年12月	1991年4月	1998年4月	2003年6月
特徴 （コイルの構造）	ストレート構造	縦巻きコイル構造	縦巻きコイル構造	横巻きコイル構造	横巻きコイル構造
（サイズ）	4516	2125	3216	1608	1608
（100MHzの定格インピーダンス）	80Ω	120Ω	600Ω	600Ω	470Ω
（2GHzのティピカルインピーダンス）	90Ω	100Ω	100Ω	700Ω	1600Ω
（使用している磁性体）	フェライト	フェライト	フェライト	フェライト	低誘電率磁性体（フェライト）
（その他の特徴）				実用上限周波数：2GHz	実用上限周波数：6GHz

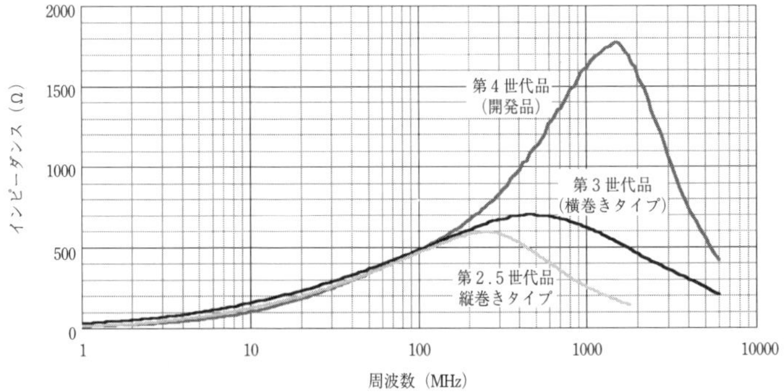

〔図2〕チップフェライトビーズの変遷

いほどノイズ除去効果は大きくなる。しかし前述のように高周波域では
コイル内部の電極間や外部の端面電極間に発生する浮遊容量のインピー
ダンスが支配的になり、僅かな浮遊容量でも特性に大きく影響する。チ
ップフェライトビーズは自己共振点以上の周波数では、ノイズ電流が浮
遊容量によりバイパスされるためにその挿入損失が小さくなる。高周波
域で高いインピーダンスを得るためには、この浮遊容量を極めて小さく
する必要がある。

　第3世代（図2）のチップフェライトビーズの高周波化では、浮遊容
量を低減するために内部電極構造を横巻構造（図1）にし、構造設計面
の改良を進めた。しかし、この内部電極構造の改良による浮遊容量低減
には限界がある。従来の磁性体を使用していたのでは、外部の端面電極

間のわずかな浮遊容量だけでも大きな影響を受けるので、2GHzを超える周波数帯で高いインピーダンス値を得ることは難しい。

そのため、今回の第4代世代品のチップフェライトビーズBLM18GGシリーズ（図2）では、独自製法により磁性体フェライトの比誘電率を低減する方法を採用した。その結果、1608サイズで浮遊容量を0.07pF以下に低減することができ、GHz帯のインピーダンス特性を大幅に改善し、6GHzで400Ω程度のインピーダンスを得ることに成功した。

図3に第4世代のチップフェライトビーズBLM18GGシリーズの規格と特性を紹介する。

BLM18GGシリーズは浮遊容量が小さく、高周波帯のインピーダンス

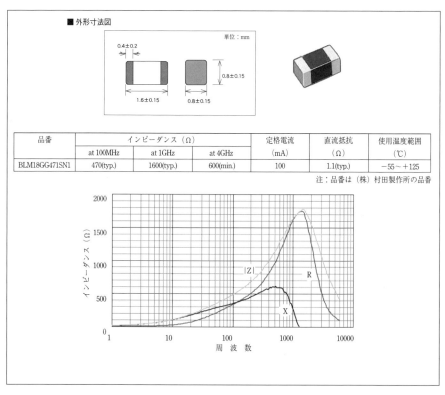

〔図3〕第4世代チップフェライトビーズ（6GHz帯対応品）BLM18GGの規格と特性

が大きいという特徴の他、通電時のインピーダンスの低下が従来品より小さいことや、図3に示すように抵抗成分（R）が従来品と同様に大きいのでノイズ対策部品として使いやすいという特徴もある。

　チップフェライトビーズは常に進化し続けており、これからは無線LAN、ETC、光トランシーバー、次世代コンピュータ、衛星TV受信機などの新しい分野においても幅広く活用されるものと期待している。

第6編 ノイズ対策の手法と対策部品(4)

コモンモードノイズの対策

今月はコモンモードノイズをノイズ対策部品で対策する方法について学ぶ。使用する信号の高速化や高周波化に伴い、ノイズと信号の周波数帯が重なり、主流であった周波数でノイズと信号を分離して対策するローパス型EMIフィルタで行う方法が使えなくなり、コモンモードのノイズ対策が使われるようになった。また、信号のブロードバンド化、高速化を実現するために差動伝送が多用されるようになり、その品質を維持するためにもコモンモードのノイズ対策は欠かせない手法になっている。今月はこのコモンモードノイズの対策諸手法の原理を整理・理解し、より効果的に活用するためにはどのようにすればよいのか学びたい。

1．コモンモードノイズとは何か

本論へ入る前に、コモンモードノイズとは何か、どのようなところにコモンモードノイズは出没するのか、再確認する。

ノイズや信号の電圧や電流には、ライン間に現れるノーマルモードとこれらの両ラインの平均とグランドの間に現れるコモンモードの2種類がある。

JIS C 0161では　コモンモードの電圧、電流ならびにコモンモードインピーダンスを次のように定義している。

　◎コモンモード電圧

　　　規定の基準、通常は大地または筐体と各導体との間の電圧のベクトル的平均

　◎コモンモード電流

　　　シールドや吸収体の有無を含め、複数導体のケーブルにおいて、

導体のそれぞれの電流ベクトルの和が振幅（絶対値）となる電流
◎コモンモードインピーダンス
　　　コモンモード電流でコモンモード電圧を割った数値
　コモンモードノイズは、同相ノイズ、不平衡ノイズ、非対称ノイズなどと呼ばれ、ノーマルモードノイズは、正相ノイズ、平衡ノイズ、対称ノイズなどと呼ばれていることもある。

　ノーマルモードノイズは、往路、帰路とも信号や電源と同じルートを流れるため理解が容易にできるが、コモンモードノイズの場合の帰路は、グランドや電源、空間であったりする。しかも、これらのパスは通常、回路図に表わされていない。また、浮遊容量（ストレーキャパシタンス）や漏れインダクタンスを経由していることもあるために、非常に理解し難い。たとえ定性的に理解ができたとしても、浮遊容量や漏れインダクタンスの大きさがはっきりしないため、計算でその大きさを分析するのは難解である。

　しかしノーマルモードノイズと同様、コモンモードノイズがノイズ障害の原因になっていることも多く、どちらのモードのノイズか区分し、それぞれのノイズモードにあった対策をしないと有効な対策はできない。このため、コモンモードノイズとはどのようなものかよく理解することが大切である。

2．コモンモードノイズ発生のメカニズム

　コモンモードノイズがどのようなものか、理解をより深めていただく意味も兼ね、代表的な種々のコモンモードノイズ発生のメカニズムを説明する。

2―1　モードの変換によるコモンモードノイズ発生のメカニズム

　最もよく出会う、コモンモードノイズ発生のメカニズムは、信号モードの変換によるものである。

　デジタル機器などで使われている信号や最初に発生するノイズの大部分は、直接放射はしないノーマルモードの信号やノイズである。このノーマルモードの信号やノイズが、コモンモードに変換されることにより、

－100－

空間に放射するコモンモードノイズが作られる。

　図1（a）にデジタル機器などノーマルモードの信号やノイズが放射源になるコモンモードに変換される構造、図1（b）にその等価回路を示す。

　図1（a）に示すような伝送モードの変換がおこる電子機器とは、図1（b）のような回路をシールドケースに内蔵し、そのシールドケースから何本かのケーブルが出ている構造のものである。シールドケースの中では図1（b）の"V"で示すような電気信号がシグナルグランド"SG"と信号ライン間で動作している。一方、放射するエネルギーはグランド（大地）"G"とアンテナとなるシールドケースから出るケーブルの間に発生するコモンモード電圧と呼ばれている"Vc"により発生する。

　電子機器の中で使われている信号電圧"V"と放射に寄与する"Vc"との関係を等価回路図（図1）から算出すると式（1）のようになる。

　ただし、"ZA"は無限大で（"ZA"の影響は考慮せずに）計算をした。

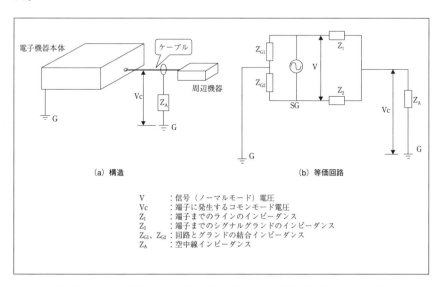

〔図1〕モードの変換によるコモンモードノイズの発生メカニズム

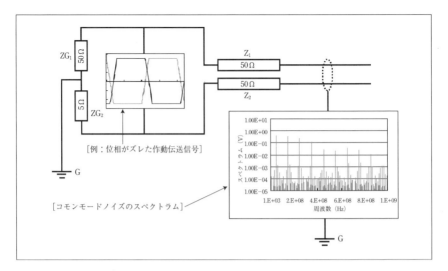

〔図2〕差動伝送ラインのコモンモードノイズ発生のメカニズム

$$V_C = V\frac{Z_2 \cdot Z_{G1} - Z_{G2} \cdot Z_1}{(Z_1 + Z_2) \cdot (Z_{G1} + Z_{G2})} \quad \cdots\cdots\cdots\cdots (1)$$

　こうして作られたコモンモードノイズが放射して無線機器に障害を与えたり、コモンモードノイズを受信した機器が、その機器の中で再びノーマルモードに変換し、ノーマルモードに変換されたノイズが障害を発生させる。

　これが信号モードの変換によるコモンモードノイズの発生メカニズムである。

2－2　差動伝送ラインにおけるコモンモードノイズの発生メカニズム

　差動伝送には本来、

　①外来ノイズに強い

　②グランドの影響を受けにくい

　③放射ノイズを抑制できる

などの特長があり、シングルエンドドライブの不平衡伝送に比べ、遠くに高速で確実に伝送することができる伝送方法で、差動伝送はEthernet LAN、USB、IEEE1394、LVDSなど多くのアプリケーションで活用され始めており、ケーブルやプリント配線で行われる高速伝送の主役になっ

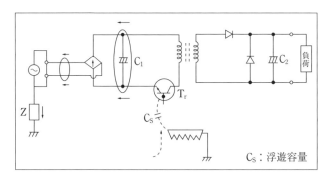

〔図3〕スイッチング電源装置における
コモンモードノイズの発生メカニズム

ていくものと思われる。

　差動信号は両ラインの信号電流の和が常に一定であり、空間に放射するコモンモードノイズの成分はないはずである。しかし、実際の伝送ラインではドライバのインピーダンスのバラツキなどにより、両信号の振幅や立ち上がり時間、あるいは位相などのバランスがくずれると非平衡成分が発生し、ラインのインピーダンスバランスがくずれるとコモンモード成分に変換される。

　図2は差動伝送信号でコモンモードノイズが発生するメカニズムを確かめた説明図である。

　図2の例は位相がズレ、非平衡成分が発生し、かつラインのインピーダンスのバランスが一カ所1対10にくずれたとき、どの程度のコモンモード成分が発生するのか、ポピュラーなSpiceで確かめたものである。

2—3　スイッチング電源装置におけるコモンモードノイズの
　　　発生メカニズム

　スイッチング電源装置は小型化・軽量化・効率の向上など多くの特徴をもっているため、多くの機器で使われるようになってきている。

　しかし、スイッチング電源装置の悩みはノイズ対策だといわれている。

　スイッチング電源装置ではスイッチング動作や整流動作があり、これ

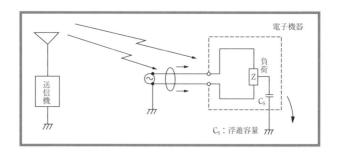

〔図4〕電磁波によるコモンモードノイズ発生のメカニズム

らがノイズを発生させる。中でもスイッチング動作は強烈なノイズの発生源となる。このスイッチング動作はノーマルモードノイズだけでなく、コモンモードノイズも発生させる。

　図3でスイッチング電源装置のコモンモードノイズの発生メカニズムを示す。

　電源装置ではスイッチングをトランジスタTrで行っており、このON、OFFによりトランジスタのベースとコレクタ、またはエミッタ間で電圧が常に大きく変化しノイズ源となる。またトランジスタはヒートシンクなどによりフレームグランドとの間に比較的大きな浮遊容量をもっているため、グランドと回路間をノイズ電流が流れ、グランドと回路間のノイズ、すなわちコモンモードノイズを発生させる。

2—4　電波によるコモンモードノイズ発生のメカニズム

　電波をツイスト線、接近した平衡線、シールド線、直接電子機器の筐体などで受けたときもコモンモードノイズが発生する。図4に電波によりコモンモードノイズが発生するメカニズムを示す。

　電磁波の中にツイスト線や接近した平衡線など、一対の信号線があると両線に同一の電磁誘導が起こり、この電流もコモンモードノイズとして働く。

2—5　落雷などによるコモンモードノイズ発生のメカニズム

　落雷などのインパルス性ノイズも多くの場合、複数ラインに同時に印加されコモンモードノイズとして振る舞う。図5に落雷によるコモンモ

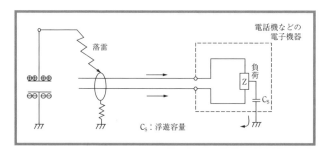

〔図5〕落雷によるコモンモードノイズ発生のメカニズム

ードノイズの発生メカニズムを示す。

　電話線や商用AC電源線などの近くに落雷や人体などからの放電があると、複数のラインに同一のノイズが誘導されるため、接地されていない場合は障害が発生しないが、接地があると、両ラインからグランドにノイズ電流が流れコモンモードノイズの電磁障害が発生する。

3．コモンモードノイズをなぜ対策しなくてはならないのか

　コモンモードノイズも直接障害を与えたり、間接的に障害を引き起こす可能性があるため、大部分の機器で対策の検討が必要になる。

　コモンモードノイズは放射の要因となる。そのため、放射ノイズの規制がある場合はコモンモードノイズの対策が必要である。電子機器の電源ではグランドと端子間の端子電圧（CONDUCTED EMISSION）の規制があるのでコモンモードノイズの対策も必要となる。

　コモンモードノイズによる放射は、放送、無線通信など無線機器に対して、直接障害を与え、また放送波やレーダーなどの電波はコモンモードノイズとして影響を与えるので、電波に絡む障害にはコモンモードの対応が必要である。

　電話機や制御機器など、一般の多くの電子機器はシグナルラインとシグナルグランド間のノーマルモードの信号で動作しているため、コモンモードノイズの影響はないはずである。しかし、これらの機器の多くは

コモンモードノイズをノーマルモードに変換してしまう。そのため、これらの機器においてもコモンモードノイズの対策が必要となってくる。

　落雷や人体からの放電なども、コモンモードのインパルス性ノイズとして振る舞う。昔使われていた黒電話のように完全にグランド（大地）から浮いた機器であれば、落雷や静電放電により2本のラインが同時に変動するノイズには、影響はないが、グランド（大地）にパスがある大方の機器は回路とグランドをインパルス性のコモンモード電流が流れ、動作の不具合が発生したり破損したりする。そのため、これらの機器も絶縁トランスを入れるなどのコモンモードノイズの対策が必要である。

〔表1〕コモンモードノイズが起因する問題（コモンモードノイズはなぜ対策が必要か）

コモンモードノイズが起因する問題	ノイズの区分				
	モード変換でできたコモンモードノイズ	差動伝送ラインでできるコモンモードノイズ	スイッチング電源装置でできるコモンモードノイズ	電磁波によるコモンモードノイズ	落雷などで発生するコモンモードノイズ
1．ノイズの放射	○	○	○		
2．コモンモード伝導ノイズの放出			○		
3．無線障害	○	○	○	○	
4．インパルス性コモンモードノイズによる障害					○
5．ノーマルモードに変換したノイズによる障害	○	○	○	○	○

○：関連があるノイズ

　表1にコモンモードノイズに起因する問題をまとめた。

4．対策部品で行うコモンモードノイズの対策

　コモンモードノイズの対策手法を大別すると、コモンモードノイズを絶縁したり、グランドにパスさせて減衰させる方法と、コモンモード成分をノーマルモード（ディファレンシャルモード）成分に変換してしまうという2つの方法がある。

　コモンモードノイズを絶縁したり、バイパスさせ減衰させる方法には表2に示すような、①コモンモード・チョークによるコモンモードノイズ対策、②フェライト・リングによるコモンモードノイズ対策、③コンデンサによるコモンモードノイズ対策、④インダクタによるコモンモー

〔表2〕コモンモードノイズの対策諸手法

対策の種類	対策部品	特徴および留意点
1．コモンモード・チョークによる対策	コモンモード・チョーク	・電源ラインや信号ラインに最もポピュラーに用いられている ・コイルの浮遊容量があると高域ノイズは除去しにくい
2．フェライト・リング・コアによる対策	フェライト・リング・コア	・入出力間の等価容量が極めて小さいため高域のノイズ対策に向いている ・大きいインダクタンスはとれないため低域ノイズ対策には不向き
3．バイパスコンデンサによる対策	コンデンサ	・高域の対策に適する ・ライン間の信号も減衰させるので注意が必要 ・グランドへの漏洩電流にも注意が必要
4．単独チョークコイルによる対策	チョークコイル	・コモンモードノイズも減衰させるが、信号の方がより大きく減衰することがあるので要注意
5．絶縁トランスによる対策	トランス	・1次、2次間に浮遊容量があると高域のノイズがパスしてしまう ・電源ラインの対策に適している ・形が大きい
6．フォト・カプラによる対策	フォト・カプラ	・デジタル信号ラインに向いている ・電源ラインでは使えない

ドノイズ対策、⑤絶縁トランスによるコモンモードノイズ対策、⑥フォト・カプラによるコモンモードノイズ対策などの対策手法があり、コモンモード成分をノーマルモード成分に変換に変換する方法には①コモンモード・チョークを使ったコモンモードノイズをノーマルモード成分に変換する方法と②絶縁トランスを使ったコモンモードノイズをノーマルモード成分に変換する方法があるが後者のコモンモードノイズをノーマルモード成分に変換する方法については、別の機会に学ぶことにする。

4—1　コモンモードチョークによる対策

　電源ラインや信号ラインのコモンモードノイズの対策で、最もポピュラーなのは、図6に示すコモンモード・チョークによる対策である。図6（a）はノーマル信号がコモンモードに変換し、放射の原因になるコ

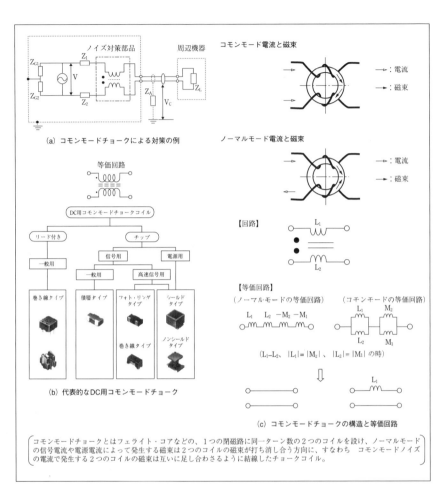

〔図6〕コモンモードチョークによる対策

モンモードのノイズ対策をコモンモードチョークで行った例である。
　コモンモード・チョークとは、図6 (b) に代表的な部品の例を示し、図6 (c) に構造と等価回路を示すように、フェライト・リング・コアなどからなる、1つの閉磁路に同一ターン数の2つのコイルを設け、ノーマルモードの信号電流や電源電流によって発生する磁束は2つのコイルの磁束が打ち消し合う方向、すなわち、コモンモードノイズの電流に

-108-

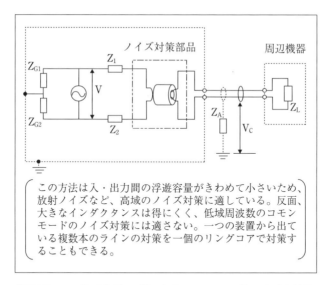

この方法は入・出力間の浮遊容量がきわめて小さいため、放射ノイズなど、高域のノイズ対策に適している。反面、大きなインダクタンスは得にくく、低域周波数のコモンモードのノイズ対策には適さない。一つの装置から出ている複数本のラインの対策を一個のリングコアで対策することもできる。

〔図7〕フェライトリングによるコモンモードノイズの対策

よって発生する2つのコイルの磁束は互いに足し合わさるように結線したチョークコイルである。

　コモンモード・チョークによる対策は巻線を増やすことにより、大きなインダクタンスを得ることが比較的容易にできる。しかし、巻線間に浮遊容量があると高域のノイズの除去効果が落ちる。

4―2　フェライト・リング・コアによる対策

　図7は信号ラインや電源ラインに高周波のコモンモードノイズ電流が流れ、ノイズが放射する時の対策によく用いられるフェライト・リング・コアによる対策である。

　この方法は入・出力間の浮遊容量がきわめて小さいため高域のノイズ対策に適している。反面、大きなインダクタンスが得にくいため、低域周波数のコモンモードのノイズ対策には適していない。

4―3　バイパス・コンデンサによる対策

　コンデンサもコモンモードの対策に用いることができる。図8は図6（a）と同様の回路（ノーマル信号がコモンモードに変換し、放射する対策）のコモンモードノイズの対策を2つのバイパスコンデンサで行っ

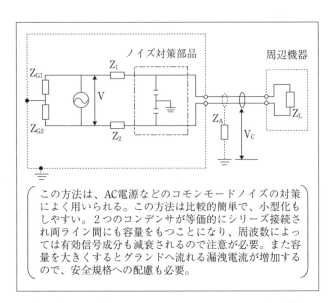

〔図8〕コンデンサによるコモンモードノイズの対策

た例である。
　この方法は、AC電源などのコモンモードノイズの対策によく用いられている。
　この方法は比較的簡単で、かつ小型化しやすいなどの特徴があるが、2つのコンデンサが等価的にシリーズ接続され両ライン間にも容量をもつことになり、周波数によっては有効信号成分も減衰してしまうので注意が必要である。また容量を大きくするとグランドへ流れる漏洩電流が大きくなるので、AC電源のノイズ対策に用いる時は、安全規格への配慮も必要である。

4—4　チョーク・コイルによる対策
　DC電源ラインなどでは図9に示すように単独のチョーク・コイルを両ラインに入れることによりコモンモードノイズを除去することもある。
　ただし、この方法は理論的にも同一周波数成分であればコモンモード電流の抑制効果よりノーマルモード電流の抑制効果が大きいため、直流

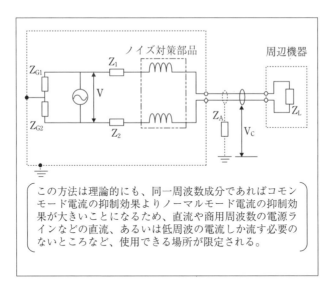

〔図9〕単純インダクタによるコモンモードノイズの対策

や商用周波数の電源ラインなどの直流、あるいは低周波の電流しか流さないところなど、使用できる場所が限定される。

4—5 絶縁トランスによる対策

　低周波のコモンモードノイズや誘導雷、静電気などによるインパルス性コモンモードノイズが重畳する可能性があるAC電源ラインや通信線などでは絶縁トランスを入れることにより、コモンモードノイズの対策が行われる。図10は絶縁トランスを用いて、外部から流入するインパルス性コモンモードノイズの対策を行った例である。

　この方法では高域のコモンモードノイズが通過しないように、一次巻線と二次巻線の間に発生する浮遊容量を小さくする工夫が必要である。

　高域のノイズの対策もできるように線輪を絶縁したり、一次と二次の線輪を離したりして、一次線輪と二次線輪間との浮遊容量が小さくなるように、工夫されたノイズ対策用の絶縁トランスも商品化されている。また、Ethernetなどのシステムでは高周波の特性が優れているコモンモード・チョークと併用されている。

　巻き線とパラレルに発生する浮遊容量、巻き線とグランド間に発生す

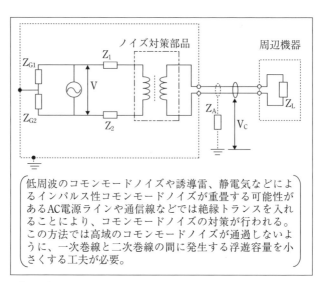

低周波のコモンモードノイズや誘導雷、静電気などによるインパルス性コモンモードノイズが重畳する可能性があるAC電源ラインや通信線などでは絶縁トランスを入れることにより、コモンモードノイズの対策が行われる。この方法では高域のコモンモードノイズが通過しないように、一次巻線と二次巻線の間に発生する浮遊容量を小さくする工夫が必要。

〔図10〕絶縁トランスによるコモンモードノイズの対策

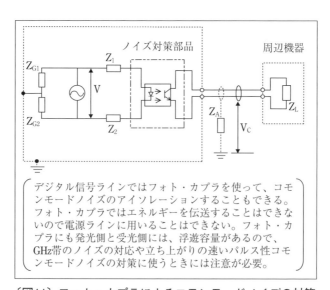

デジタル信号ラインではフォト・カプラを使って、コモンモードノイズのアイソレーションすることもできる。フォト・カプラではエネルギーを伝送することはできないので電源ラインに用いることはできない。フォト・カプラにも発光側と受光側には、浮遊容量があるので、GHz帯のノイズの対応や立ち上がりの速いパルス性コモンモードノイズの対策に使うときには注意が必要。

〔図11〕フォト・カプラによるコモンモードノイズの対策

る浮遊容量、あるいはコアの比透磁率の周波数特性等により、高域ではディファレンシャル信号も減衰してしまうという問題もあるが、これを逆に利用し高周波のディファレンシャルノイズの除去に活用している電源用の絶縁トランスもある。

4—6　フォト・カプラによる対策

　デジタル信号ラインでは図11に示すようなフォト・カプラを使ってコモンモードノイズを対策することもある。フォト・カプラはエネルギーの伝送はしないので電源ラインに用いることはできない。また、フォト・カプラにも発光側と受光側には、なにがしかの浮遊容量があるので、GHz帯のノイズの対応や立ち上がりの速いパルス性コモンモードノイズの対策に使うときには注意して使う必要がある。

参考文献

1 ）坂本幸夫 "現場のノイズ対策入門" 日刊工業新聞社
2 ）坂本幸夫 "デジタルノイズ対策入門講座（15)", 電子技術2003年 6
　　月号，日刊工業新聞社

コラム⑤
フォト・エッチング微細加工工法で作られる小型チップ・コモンモードチョークコイル "DLP"

坂本　幸夫
Yukio SAKAMOTO
株式会社　村田製作所　川口　正彦、松田　勝治
Murata Manufacturing Co.,Ltd.　Masahiko KAWAGUCHI,　Katsuji MATSUDA

　情報伝送量の増大に伴い、データ通信の高速化が進む小型デジタル機器のノイズ対策に有効な、フォト・エッチング微細加工工法による小型チップ・コモンモードチョークコイル "DLP" シリーズについて紹介します。

1．コモンモードチョークコイルの小型化、複合化を実現するフォト・エッチング微細加工工法

　コイルやコモンモードチョークコイルを形成する工法には、図1に示すように巻き線工法、積層工法、フォト・エッチングによる微細加工工法（フォト・リソ工法と呼ばれることもある）などがあります。巻き線工法は高周波の周波数特性が優れ、積層工法は量産性に富み、フォト・エッチング微細加工工法では小型化、複合化が実現できます。村田製作

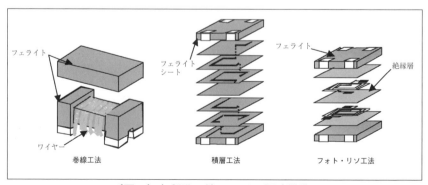

〔図1〕各製造工法における概略構造

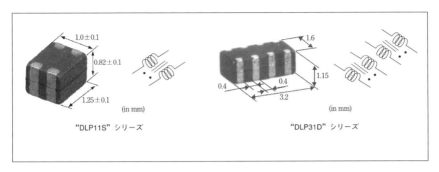

〔図2〕"DLP"シリーズの外観写真および等価回路

所ではこの3つの工法を同時に立ち上げ、それぞれの特徴を活かした商品作りをしています。ここでは、この内のフォト・エッチング微細加工工法によるコモンモードチョークコイル"DLP"シリーズを紹介します。

2．高速差動インタフェースにむけて

　近年、パソコンやデジタル周辺機器では、高解像度の画像や動画などの大容量データをより高速に伝送する必要性から、USB2.0、IEEE1394、LVDSなどの高速差動インタフェースが採用されています。差動伝送は一般的にノイズを出しにくいとされていますが、実際は完全でなくノイズが放射されており、その対策に頭を悩ませているのが現状です。しかも、従来の抵抗やフェライトビーズによるノイズ対策では、信号波形がなまってしまい400Mbpsもの高速伝送はできません。そのため、このような高速差動伝送では、信号波形に影響を与えず放射雑音を効果的に抑制できるコモンモードチョークコイルによるノイズ対策が普及しました。コモンモードチョークコイルはコモンモードのノイズを抑制するだけでなく、信号線間の電流を平衡させスキューを改善する働きもあります。

　一方で、ノートパソコンやデジタルスチルカメラなどの携帯性を重視するデジタル機器は小型で薄型のものが好まれるため、部品も実装スペースが小さく、背の高さが低いものが求められます。"DLP"シリーズ

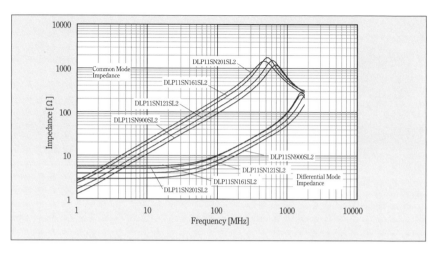

〔図３〕"DLP11S"シリーズのインピーダンス周波数特性

はこうした要求に幅広く応えるために商品化したコモンモードチョークコイルです。

3．高性能をコンパクトに

　コモンモードチョークコイルというと、フェライトコアに２本の巻線を巻いたものを思い浮かべると思います。結合度が高いので性能が良いものを得られる反面、小型化への対応が困難でした。また薄いフェライトシートを何枚も積層する積層タイプのものは小型化に適していますが、複数のコイルを形成することが難しいことと結合度の不足から信号成分の減衰が大きく、高周波対応の点で課題がありました。

　これらの課題を解決するために、独自のフェライト技術とフォト・エッチング工法による微細加工技術を開発して、小型でありながら高精度・高結合のコモンモードチョークコイル"DLP"シリーズ（図２）を完成させました。特にDLP11シリーズは、大きさが1.25×1.0×0.82mmと現在市販されている小型巻線タイプよりもさらに半分の大きさとなっています。

　巻線タイプでは実現が難しかったアレイタイプDLP31Dシリーズも商

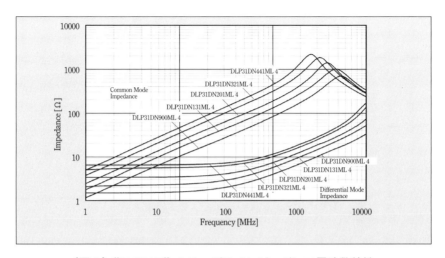

〔図4〕"DLP31D"シリーズのインピーダンス周波数特性

品化しており、IEEE1394やLVDS等の複数の伝送線路における高密度実装と実装コストの削減に貢献しています。

より高密度な実装に対応したアレイタイプも商品化しており、特に差動伝送ラインのペアが複数あるIEEE1394やLVDSで御活用いただいております。

　図3に"DLP11S"シリーズのインピーダンス周波数特性を、図4に"DLP31D"シリーズのインピーダンス周波数特性を示します。各シリーズにて複数のアイテムを取り揃えており、伝送回路や伝送方式に応じて選択いただけます。アイテム選択のポイントとしては、信号波形なまりが許容できる範囲内において、ノイズをより対策できるようにコモンモードインピーダンスが大きいコモンモードチョークコイルを選択することが基本になりますが、加えて各伝送方式の特徴を考慮した選択が必要となります。例えば、USBには差動でない信号も含まれます。信号パケットの最後であることを表わすEOP（End Of Packet）は、2本の信号ラインが同時にLowレベルとなります。この状態では、コモンモードインピーダンスが大きすぎるとEOP信号が規定された波高値を超えることから伝送エラーが生じます。そのため、USB信号ラインにはEOPの波形を

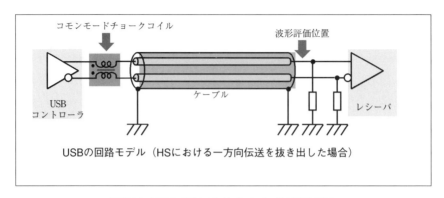

〔図5〕USB回路におけるノイズ対策モデル

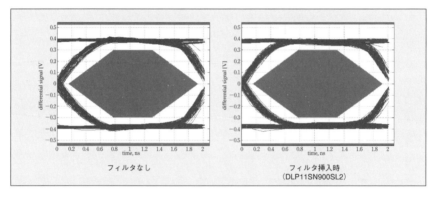

〔図6〕USB2.0 HS アイパターン測定結果

満足するためにコモンモードインピーダンスが制限され、100MHzにて90Ω程度のアイテムが使用されます。また、IEEE1394では信号伝送スピードの判別に使用されるスピードシグナルはコモンモードで伝送されるので、利用できるコモンモードインピーダンスは100MHzで200Ω程度に制限されます。

4．波形品質の確保

　信号波形が早くなると波形品質を維持することはとても難しくなります。USBでは、コンプライアンス・テスト（認証試験）にて波形品質を

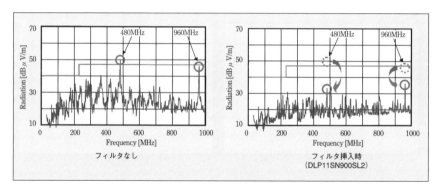

〔図7〕USB2.0 HS　放射雑音対策結果

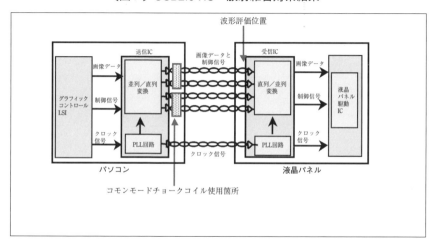

〔図8〕LVDS　波形評価回路モデル

確認することが求められています。ノイズ対策のためにコモンモードチョークコイルを使用した場合も波形品質を満足しなければなりません。

　コモンモードチョークコイル"DLP"シリーズでは、工法の強みを生かし、高精度・高結合のコモンモードチョークコイルを形成できたので、信号波形品質の確保に成功しました。

　図5は、USB回路におけるコモンモードチョークコイルによる対策モデルです。

　この対策モデルを利用して実際にUSB2.0（High speed:480Mbps）のノ

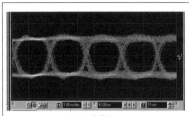 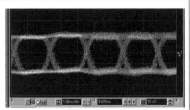

フィルタなし　　　　　　　　　　　　フィルタ挿入時
　　　　　　　　　　　　　　　　　　（DLP31DN441ML4）

※LVDS信号：ビデオ信号（XGA：65MHz）をLVDSに変換したもの 400Mbps相当。

〔図9〕LVDS　波形測定結果

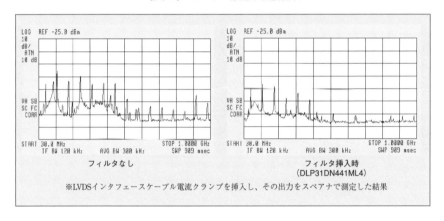

〔図10〕LVDS　ノイズ測定結果

イズを対策した例を紹介します。コモンモードチョークコイルは
DLP11SN900SL2（コモンモードインピーダンス90Ω at 100MHz）を使用
しました。図6は信号波形で、コモンモードチョークコイル挿入前後に
おいて大きな差はなく、波形の規定を満足しています。図7は放射雑音
で、480MHz、960MHzのノイズが10〜17dB低減しています。DLP11のノ
イズ対策効果は100MHz〜1GHzもの広帯域であることがわかります。
　アレイタイプのチップコモンモードチョークコイルの活用事例とし
て、LVDS回路にDLP31Dを使用した事例を紹介します。
　図8は、LVDS回路におけるアレイタイプのコモンモードチョークコ

イルによる対策モデルです。また、図 9 に伝送速度400Mbps相当の
LVDS信号における波形評価結果を、図10にノイズ対策結果を示します。
なお、本評価には、DLP31DN441ML4（コモンモードインピーダンス
440Ω　at 100MHz）を使用し、ノイズの測定はLVDSインタフェースケ
ーブルに取り付けた電流クランプの出力をスペアナで測定しました。
　USB回路における対策事例と同様、LVDS回路においても信号波形に
影響を与えずに効果的にノイズを低減できることがわかります。

5．まとめ
　高速信号インタフェースを採用する機器のすそ野はますます広がると
思われます。そのポイントは、如何に大きいスペースをとることなくイ
ンタフェース回路を取りつけるかということと、信号波形品質の確保で
す。"DLP"シリーズのように、高速伝送に対応した小型のノイズ対策
部品のニーズはさらに高まると思われます。今後普及が進むと予想され
る高性能インタフェースも視野に入れた新商品の拡充に向け取組んでい
ます。

第7編 ノイズ対策の手法と対策部品（5）

インパルス性ノイズの対策

今月はインパルス性ノイズの対策部品の使い方について学ぶ。本稿ではインパルス性ノイズの種類、インパルス性ノイズ障害の二面性、バリスタによるインパルス電圧を抑制する原理と制限電圧を下げる方策、バリスタの残留インダクタンスの影響、ノイズ対策部品の破壊・2次障害に対する配慮など、インパルス性ノイズの対策部品を、より効果的に活用するためにはどのようにすればよいのかについて学びたい。

1. インパルス性ノイズとは何か

　ノイズのグループの一つに落雷、静電気放電、スイッチ回路のon-off、デジタル信号のクロストークなどのように、発生する電圧や電流が短時間に急激に変化し、変化後は急激に初期値復帰するパルス状、あるいはトランジェント状に重畳してくるノイズがある。これをインパルス性ノイズ（Impulsive noise）と呼ぶことにする。パルス（pulse）とは脈搏、鼓動のことであり、電子・電気の分野では一定の値から短い時間に変動し、また元に戻る、瞬間波動を言っている。インパルス（Impulse衝撃）とは、もともとはこの極短時間に変化をするものを意味する。
JIS C 0161では、このインパルス雑音（ノイズ）を「特定の機器または装置に加わった場合に、異なるパルス列のつながり、またはトランジェントとして現われる電磁雑音」と定義している。インパルス性ノイズといってもデジタル信号のクロストークで発生するTTLのヒゲと呼ばれるような数100mVのものから、静電気や落雷で発生するような数1000V〜数10000Vのものまである。今月は、このインパルス性ノイズの対策と、この対策に使う部品の使い方について学ぶ。

-123-

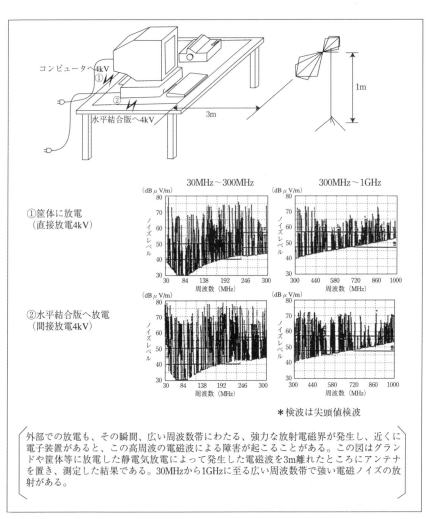

〔図1〕静電放電で発生した放射電磁界

2．インパルス性ノイズの2つの障害

　インパルス性ノイズの障害といえば、通常、被障害機器へ直接放電し、故障や動作障害を引き起こす障害だけを考えてしまうが、インパルス性ノイズは被障害機器へ直接放電し故障や動作障害を引き起こす直接放電による障害だけではなく、グランドや筐体等へ放電して、その時に発生する高周波の電磁波により周辺の装置で動作障害を起こす原因になるこ

〔表1〕主要なインパルス性ノイズ対策部品の特徴

対策部品名	シンボル	素子の機能	特徴
1．放電ギャップ		一定以上の電圧で放電し、異常電圧を抑制する機能を持つ、空間あるいは絶縁体表面にギャップを持つ素子	大きなサージ電流を処理できる、静電容量が小さい、漏れ電流が小さい等の特徴があり、応答が遅い、放電開始電圧のバラツキが大きい、ノイズ源になる等の欠点がある。
2．酸化亜鉛バリスタ		一定の電圧で急に抵抗が小さくなる酸化亜鉛半導体の性質を用いた電圧依存性非直線性抵抗素子	応答がよい、サージ耐量が比較的大きい、静電容量が比較的小さい、小型化しやすい等の特徴がある。
3．チタン酸ストロンチュームバリスタ		一定の電圧で急に抵抗が小さくなるチタン酸ストロンチウム半導体の性質を用いた電圧依存性非直線性抵抗素子	応答がよい、サージ耐量が比較的大きい、小型化しやすい、静電容量は大きく電源回路等には好都合であるが、速い信号回路には使えない等の難点がある。
4．ダイオード		半導体正方向のスレショルド　ターン・オン電圧を利用した異常電圧抑制素子	電圧抑制特性はよく、サージ耐量も大きいが、一素子のスレショルド電圧は0.2〜0.7V程度と小さく、高い制限電圧のものは形が大きくなり、高価になる。静電容量は比較的小さい。
5．ツェナーダイオード		半導体逆方向の降伏電圧を利用した異常電圧抑制素子	電圧抑制特性はよいが、サージ耐量が小さい。静電容量は小さい。
6．コンデンサ		静電容量の充電電流を利用し、異常電圧を吸収する素子	パルス幅が小さいインパルス性ノイズの対策に用いられる。
7．インダクタ		インダクタンスにより異常電流を抑制する素子	パルス幅が小さいインパルス性ノイズの対策に用いられる。
8．抵抗		オームの法則で異常電流を抑制する素子	あまり大きな電流抑制を必要としない時に用いられる。信号もノイズと同比率で減衰する。

とがある。インパルス性ノイズは電子機器内部に流入して部品を破壊したり、誤動作を引き起こさせるだけでなく、外部で放電して、その瞬間広い周波数帯にわたる強力な放射電磁界が発生し、近くに電子装置があると、この高周波の電磁波による障害があることも留意する必要がある。

　図1はグランドや筐体等に放電した静電気放電によって発生した電磁波を3m離れたところにアンテナを置き、測定した結果である。このデータでは30MHzから1GHzに至る広い周波数帯で最高80dBμV/mに近い、強い電磁ノイズが放射されている。この測定は3m離れたところにアンテナを置いて測定したものであるが、実際の放電はEUT（被測定物）の極間近で起こることも多く、このような場合は、より大きい電磁界が加わる。

　このため、インパルス性ノイズに対する対策は電子機器の内部に流入して、部品を破壊したり、誤動作を起こすのを防止するためのパルス電圧を抑制する対策と、放電により発生する高周波ノイズが、デジタルノ

イズや携帯電話・放送波などの電波などと同じように、高周波電磁波として妨害を周囲の機器に与えるのでその対策も必要である。

　後者のノイズは放射高周波ノイズそのものであり、本誌2003年8月号、10月号、11月号の「対策部品で行うEMI対策　第3回」～「対策部品で行うEMI対策　第5回」を参照下さい。

　本稿では直接電子機器の内部に流入するインパルス性ノイズの対策を中心に学ぶことにする。

3．インパルス性ノイズの種類と対策部品

　直接電子機器の内部に流入するインパルス性ノイズの対策と対策部品について考えてみる。インパルス性ノイズには前述のように、デジタル信号のクロストークで発生するTTLのヒゲと呼ばれるような数100mVのものから静電気や落雷で発生する数1000V～数10000Vのものまであるが、直接流入するインパルス性ノイズの対策は、有効信号の電圧はできる限り変動させないで、流入するノイズの電圧を下げる方法がとられる。インパルス性ノイズの対策は有効信号（または電源）とノイズを電圧（または電流）で区別し、高い電圧（または電流）のノイズの電圧（または電流）を抑制する手法がとられる。インパルス性ノイズの電圧を抑制する部品には表1に示すようなコンデンサ（capacitor）、インダクタ（inductor）、抵抗器（resistor）、バリスター（varistor）、ダイオード（diode）、ツェナーダイオード（zener diode）、放電ギャップ部品（gas discharge surge suppressor）など多くの種類の部品が目的に応じて使われる。

　パルス幅が小さいインパルス性ノイズの対策にはコンデンサやインダクタが使われ、パルス幅の大きいインパルス性ノイズの対策や電圧の高いインパルス性の対策にはバリスター、ダイオード、ツェナーダイオードなど非線形抵抗特性を持つ、半導体のインパルス性ノイズ部品や放電ギャップ部品が使われる。また少し低減すればよい場合は抵抗器が使われることもある。

　半導体のインパルス性ノイズ部品には酸化亜鉛（ZnO）系バリスタ、

チタン酸ストロンチウム（SrTiO3）系バリスタ、ダイオード、ツェナーダイオードなどがある。

　酸化亜鉛系のバリスタはサージ電流耐量とバリスタ系数が大きく、最も多く作られているバリスタである。チタン酸ストロンチウム（SrTiO3）系バリスタは静電容量が大きく、サージ電流耐量も大きいのが特徴で、直流電源ラインのように、静電容量もあった方がよい場合には好都合であるが、信号回路では信号を減衰してしまうため使えない場合が多いのが欠点である。

　ダイオードは正方向ダイオードのスレショルド（threshold　敷居値）電圧をブレークダウン電圧に利用したインパルス性ノイズの対策部品であり、サージ電流耐量が大きくバリスタ系数も大きいのが特徴であるが、ダイオード1層当たりのブレークダウン電圧が0.2〜0.7Vなので、高いブレークダウン電圧が必要な時は多層のダイオードが必要になり、形状が大きくなったり、高価になるのが難点である。

　ブレークダウン電圧にダイオードの逆電圧降伏現象を用いたツェナーダイオードは大きなバリスタ係数が得られるがサージ電流耐量が小さいのが難点である。

　通常、インパルス性ノイズはノイズ波形の立ち上がり、立ち下がりが急峻なものが多く、その場合、インパルス性ノイズの対策部品も残留インダクタンスが対策の効果を決める重要な特性になる。残留インダクタンスの影響については、5項で学ぶことにする（Columnも参照ください）。

4．バリスタによるインパルス電圧を抑制する原理と制限電圧を下げる方策

　インパルス性ノイズが直接電子機器の内部に流入して機器内の部品を破壊したり、誤動作を起こすのを防止する代表的な部品にバリスタがある。このバリスタを例にインパルス性ノイズの電圧を下げる方策を考察する。

　バリスタ（Varistor）とは、variable（変化する）、Resistor（抵抗器）から造られた合成語で印加電圧によって抵抗値が変化する酸化金属など

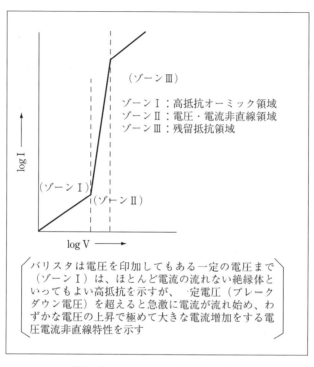

〔図2〕バリスタの電流電圧特性

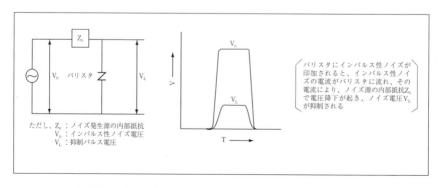

〔図3〕バリスタのインパルス性ノイズ電圧抑制原理

から成る電気抵抗素子のことである。

　バリスタは図2に示すように、電圧を印加してもある一定の電圧まで（図2のゾーンⅠ）は、ほとんど電流の流れない絶縁体といってもよい高抵抗を示すが、一定電圧（ブレークダウン電圧）を超えると急激に電流が流れ始め、わずかな電圧の上昇で極めて大きな電流増加をする電圧電流非直線特性を示す（ゾーンⅡ）。

　このバリスタを図3の回路に示すように入れるとインパルス性ノイズが加わった時、インパルス性ノイズの電流がバリスタに流れ、その電流により、ノイズ源の内部抵抗Z0で電圧降下が起き、ノイズ電圧VLが抑制される。

　バリスタでインパルス性ノイズの対策を行う場合に最も大切なのは、インパルス性ノイズが加わった時、回路の上昇電圧VLをいかに低く抑制できるかという制限電圧の特性である。

　制限電圧（抑制パルス電圧）は表2に示すようにバリスタ電圧、バリスタ係数、残留抵抗領域の抵抗値、回路入力インピーダンスなど多くの要因により決まり、この制限電圧は可能な限り低くするのが理想的である。

　バリスタ電圧が低いと、低い電圧から電圧電流非直線領域に入るため、制限電圧も下がる。しかし、バリスタ電圧が低すぎると、有効な信号や電源電圧も漏れてしまい、損失が大きくなってしまうので、適切なバリ

〔表2〕制限電圧を下げるための方策

制限電圧を下げる要因	要因の定義	方策
1．バリスタ電圧	電圧電流非直線領域が始まる立上がり電圧。通常1mAまたは、0.1mAの電流で規定している。	バリスタ電圧が小さいほど制限電圧も下がる。しかし、小さすぎると信号や電源電圧に損失が生じる。
2．バリスタ係数（α）	電圧電流非直線領域の勾配を示す非直線係数（Nonlinear Coefficient）$\alpha = \dfrac{\log(I_1/I_2)}{\log(V_1/V_2)}$ で示される。	大きければ大きいほど良い。
3．残留抵抗領域の抵抗値	非直線領域を超えた大電流オーミック領域の抵抗値	入力側回路インピーダンスに比べ充分小さいこと。
4．入力側回路のインピーダンス	インパルス性ノイズが伝わってくる電源回路インピーダンス	大きいと制限電圧は下がる。

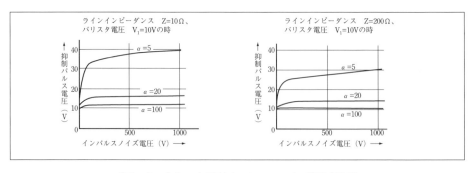

〔図4〕バリスタ特性とパルスノイズ抑制効果

スタ電圧を選ぶ必要がある。

　バリスタ係数 a は大きければ大きいほど電流増加も大きくなるため、制限電圧は小さく抑えることができる。

　バリスタのインパルス性ノイズの抑制効果は、バリスタに印加される電圧が上がることによりバリスタに電流が流れ、この電流がラインを流れる時に、ラインに電圧降下がおき、抑制されるのである。このためラインインピーダンスは高ければ高いほど抑制効果は大きく、制限電圧は下がることになる。

　図4にバリスタ係数（a）とラインインピーダンスを変えて、シミュレーションをした時のインパルス性ノイズ抑制効果を示す。

　今回のシミュレーションでは残留抵抗領域（図2のゾーンⅡ）の残留抵抗は無視したが、残留抵抗領域の残留抵抗値も制限電圧に影響がある。残留抵抗領域の残留抵抗は効果が劣化する方向にはたらく。有効な抑制効果を得るには残留抵抗値が入力インピーダンスに比べ充分（2～3桁）低いことが必要である。

5．バリスタの残留インダクタンスの影響

　バリスタは残留インダクタンス（ESL）が大きいと制限電圧が低くなる条件を整えても、立ち上がり、立ち下がりの速いインパルス性ノイズに対しては通用しない。

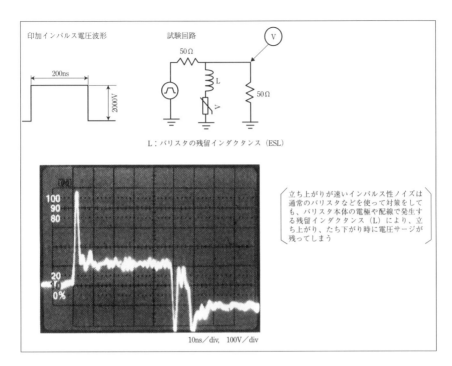

〔図5〕2端子構造バリスタによる立ち上がりが速いノイズの除去効果（実験）

　立ち上がりが速いインパルス性ノイズは通常のバリスタなどを使って対策をしても、残留インダクタンス（バリスタ本体の電極や配線で発生するインダクタンス）により図5に示すような電圧サージが残ってしまう。このため磁気効果抵抗素子や光磁気記録再生素子など、デリケートな素子では破壊したり、特性を劣化させてしまう。図5は立ち上がり、立ち下がりが速い波高値2000Vパルスを2端子構造のバリスタで対策した時のノイズ除去効果を実験で確かめたものである。ハードディスクドライブやDVDなどの電子装置は非常に速い信号が使われ、これらの装置にはデリケートな磁気効果抵抗素子や光磁気記録再生素子が使われており、このような装置では静電気などによる立ち上がり、立ち下がりの速いインパルスノイズに対する対策部品が問題に必要になる。

　立ち上がりや、立ち下がりの速いインパルスノイズに対する対策で、

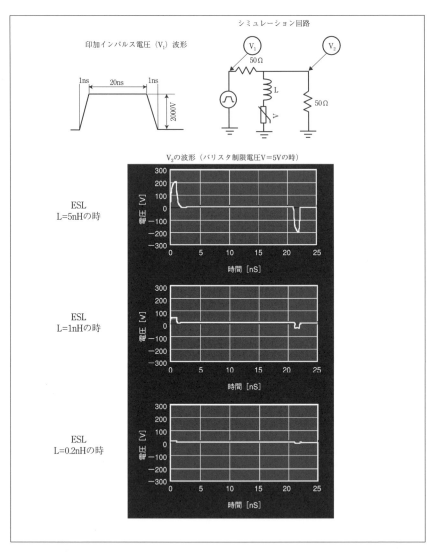

〔図6〕直列等価インダクタンス(ESL)とバリスタのノイズ抑制効果(シミュレーション)

電圧サージが残る原因は対策部品の残留インダクタンスや対策部品を装着する配線で発生する残留インダクタンスで動作が遅れ、立ち上がり、立ち下がりの速いインパルスノイズの電圧を吸収することができないためである。

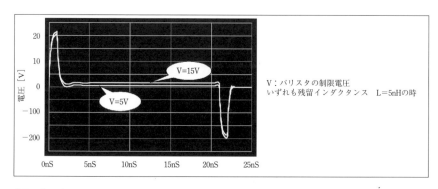

〔図7〕バリスタの制限電圧によるインパルスノイズ抑制効果の比較（シミュレーション）

　図6は回路シミュレーションソフトで残留インダクタンスとノイズ抑制効果を確かめてみたものである。

　通常のリード付き2端子バリスタの残留インダクタンス（ESL）は5nH程度あり、これを想定して、5nHの残留インダクタンスを有するバリスタを使って、IEC61000-4-2放電電流波形の規格を参考にし、立ち上がり時間1nSで、波高値2000Vのインパルスノイズの対策をシミュレーションした。結果は5nHの残留インダクタンスがあるバリスタを使うと立ち上がり時、立ち下がり時に数100Vの電圧サージが残ることがわかる。

　ハードディスクドライブやDVDなどのセンサーや半導体の保護では、サージ電圧を10数V以下に押さえることが必要になることもある。立ち上がり時間が1nS程度と速い、静電気のようなインパルスノイズのノイズの立ち上がり時サージ電圧を10数V以下に押さえるにはバリスタの残留インダクタンスも0.2nH程度に押さえることが必要なことが、図6からわかる。

　図7はバリスタの制限電圧が5Vと15Vの時、バリスタに5nH程度のESLがあると残る電圧サージはどうなるのかをシミュレーションしたものである。図7のシミュレーションではバリスタ制限電圧を変えても立ち上がり、立ち下がり時のサージ電圧の大きさはほとんど変わっていない。図6のように残留インダクタンスを1nH、0.2nHと小さくすると立

ち上がり、立ち下がり時のサージ電圧は小さくなり、ほとんどなくなっていく。

このことからも、立ち上がり時、立ち下がり時に残る電圧サージの大きさはバリスタの制限電圧には関係がなく、残留インダクタンスの大きさと立ち上がりの速さで決まることがわかる。

ハードディスクドライブやDVDなどに使われる、デリケートな磁気効果抵抗素子や光磁気記録再生素子のインパルス性ノイズの対策（静電気対策）は制限電圧を下げ、かつESLを下げる対応が必要である。

6．ノイズ対策部品自体の破壊と２次障害に対する配慮

インパルス性ノイズは自然現象、非意図的放射機器、付随的放射機器などで作られるノイズであり、コントロールができず予測を超えるサージ電流が流れることもある。このため、ノイズ対策部品自体の破壊、２次障害の配慮も重要である。

まず、ノイズ対策部品が破壊されないように、予測されるノイズに十分耐えられるサージ耐量（処理可能なサージ電流の大きさ）のある対策部品を選択するのが重要である。サージの大きさと保護レベルの要求によっては、サージ耐量の大きな放電ギャップタイプのものと電圧抑制精度のよい半導体タイプのもので２重に保護することも必要である。

放電タイプ以外の大部分の対策部品は破壊するとショートモードになるものが多いため、破壊限界を超えたとき、あるいは破壊したときには電源を切断するよう、ヒューズ等と組み合わせて保護する工夫も必要である。

また、放電タイプのインパルス性ノイズ対策部品などでは動作時に放電による電磁ノイズを発生することがあり、いずれのインパルスノイズの対策部品もその周りの配線には大電流が流れるのでノイズに敏感な回路や部品から遠ざけ、２次障害を起こさない工夫も必要である。

参考文献

1）坂本幸夫"現場のノイズ対策入門"日刊工業新聞社

2）坂本幸夫"デジタルノイズ対策入門講座（17)"、電子技術2003年8
月号，日刊工業新聞社

コラム⑥

抵抗付き3端子バリスタによる静電気放電からのICの保護

坂本　幸夫

Yukio SAKAMOTO

株式会社　村田製作所　田辺　武司、坪内　敏郎

Murata Manufacturing Co.,Ltd.　Takeshi TANABE,　Toshiro TSUBOUCHI

1．ICにおける静電気の脅威

　静電気の怖さは、1ns以下もの鋭い立ち上がりをもった数kV以上もの高圧が電子機器へ放電され、一瞬のうち機器が破壊されることである。もう15年ぐらい前のことであろうか、ノートタイプパソコンが普及し始めた頃、C-MOS ICは静電気にとても弱く、ノートタイプパソコンは周辺機器コネクタとの挿抜を頻繁に行うと、コネクタへの抜き差しだけで簡単に壊れたのを記憶している。現在のC-MOS ICは格段に静電気に強くなっているが、それでも静電気による破壊は今でも大きな関心事である。

　静電気によるIC破壊が問題となりやすいのは、信号端子が直接外部にさらされる外部インタフェースへのラインである。そのため、外部インタフェースのコネクタ端子部を金属のハウジングで囲み、人の指がコネクタに接触したときは、コネクタ端子部に設けた外部ハウジングへ静電気を逃がすなどの対策を行っているが、完全には信号端子への静電サージを防げない。また、金属ハウジングが無い場合は、より静電気にさらされやすい。そのために、静電気からの保護用としてダイオードやバリスタが利用されている。

　(株) 村田製作所では保護素子としてバリスタに着目し提供してきた。バリスタは信号ラインとGND間に挿入された場合、通常は単なるコンデンサである。しかし、ある一定以上の電圧が印加された場合、バリスタの端子間が短絡されたように振舞い高電圧をカットするので、ICを保護することができるはずである。

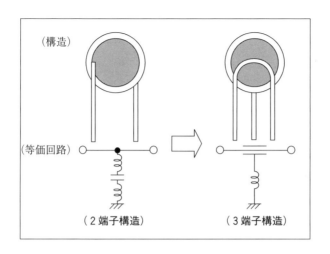

〔図1〕 2端子構造と3端子構造の違い

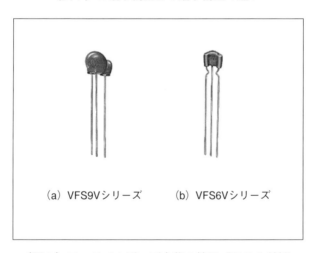

〔図2〕フェライトビーズ内蔵3端子バリスタ外観

2．3端子バリスタ

　静電気によるICの破壊の保護には不可解なことが多い。ICを保護できるはずの制限電圧のバリスタを使って保護できる設計をしても、破壊が起こることがある。そのたびに使うバリスタ電圧を下げたり、バリスタ

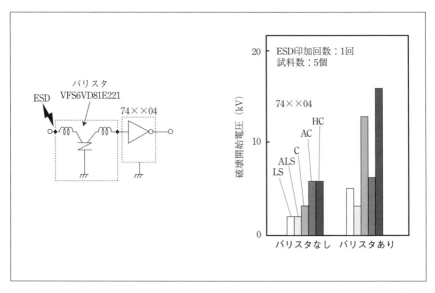

〔図3〕フェライトビーズ付3端子バリスタによるIC破壊開始電圧の改善

を増やすのが一般的であるが、これも、あまり効果がないことが多い。これはバリスタの効果が出始めるまでの応答性が問題となることが多いためである。信号ライン用のバリスタをリリースしようとしたとき、部品市場はまだリード付きが中心であった。このリード線のインダクタンス（残留インダクタンス）がその応答性を邪魔していた。残留インダクタンス低減の方法として着目したのが、EMIフィルタに採用されていた3端子構造であった。図1に2端子構造と3端子構造の違いを示す。これは信号端子側のリード線形状を工夫することにより、信号ラインとGND間のインダクタンスを低減したコンデンサ型のEMIフィルタである。3端子コンデンサの構造を採用したバリスタが、図2に示したVFS9VシリーズやVFS6Vシリーズである。フェライトビーズも内蔵している。通常は3端子コンデンサとしてEMIノイズを除去し、静電気が印加された場合は過電圧を低減しICを保護する働きを持っている。図3にフェライトビーズ付の3端子バリスタVFS6シリーズでICの破壊開始電圧を改善した例を示す。ICによって破壊開始電圧の改善効果は異なるが、

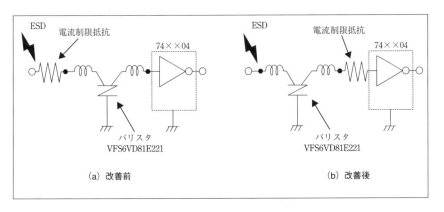

〔図4〕電流制限抵抗の追加位置

最大で10kV向上している。

3．抵抗付き3端子バリスタ

　もう一つの、バリスタの効果が出始まるまでの問題へ対応する方法にバリスタの後に、抵抗を入れる方法がある。この方法を使えば3端子バリスタによりICの破壊の保護をより向上させることができる。電圧だけでなく、電流も問題となる。確認のために、図4（a）に示したように電流を制限するための抵抗を信号ラインへ挿入してみた。ところが、30kVもの高電圧を印加した場合は、電流制限用の抵抗が破壊されるという問題が発生した。バリスタの後であれば問題ないだろうと考え、図4（b）に示す様にバリスタと電流制限抵抗の位置を入れ替えた結果、抵抗の破壊はなくなった。問題のICの破壊開始電圧も大幅に改善され、電流制限抵抗の値によっては30kVもの静電気を印加してもICの破壊を防ぐことができた。

　電流制限抵抗とバリスタの組み合わせがICの保護に大きく寄与する（図5）ことがわかったので、これらを組み合わせた製品を開発した。それがVFR3Vシリーズである（図6）。当時としてはコンパクトでありながら静電気保護とEMIノイズ対策を兼ねたフィルタであったので広く普及した。

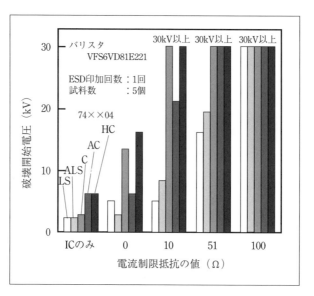

〔図5〕バリスタと電流制限抵抗を組み合わせた場合の効果

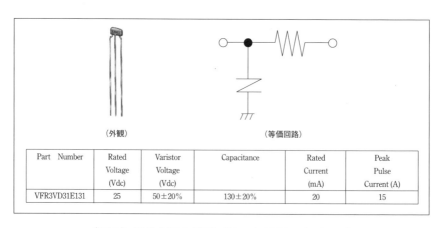

〔図6〕抵抗内蔵3端子バリスタ VFR3Vシリーズ

４．あとがき

　静電気によるICの破壊防止として、高電圧対策と過電流対策が重要である。この両方の対策を同時に実現する部品としてVFR3Vがシリーズ誕生した背景を紹介した。より確実に静電気の破壊対策をするには、機器のグラウンド設計も重要である。バリスタでグラウンドに流れ込んだ電流が、基板内を迷走するようでは、誤動作を引き起こしかねない。基板下に金属板を設置し、基板グラウンドとのコンタクトを確保することにより、電流を金属板へ誘導し、基板内へ流さないことも重要である。

第8編 ノイズ対策の手法と対策部品（6）

コンデンサで行う電源ラインのノイズ対策

今月はデカップリングコンデンサで行う電源回路ラインのノイズ対策について学ぶ。
デジタルICなどではON、OFF動作が行われ、電源ラインに急峻な間歇電流が流れる。急峻な間歇電流が電源ラインに流れると、配線基盤の残留インダクタンスによる逆起電力が発生し、電圧の上昇・降下（電圧リップル）が繰り返され、ノイズを発生する。デジタルICなどの電源ラインで発生するノイズの大きさはデカップリングコンデンサの種類と使い方で決まる。
今月はDC電源ラインで発生するノイズの発生のメカニズム、この電源のノイズ対策に使われるデカップリングコンデンサの容量の決め方、デカップリングコンデンサの残留インダクタンス（ESL）とノイズの関係、デカップリングコンデンサと電源ラインの残留インダクタンスによる共振とノイズの関係などについて学ぶ。

1．DC電源ラインで作られるノイズ

ICなどの電源回路は扱っているものが直流であり、ノイズには無縁のものと考えられがちである。たとえ、ノイズが電源ラインに重畳していることがわかっても、他の回路から誘導されたのだろうと見過ごされていることも多かった。しかしICなどのDC電源ラインは最も強力なノイズを作っている回路の一つなのである。

図1は負荷として、8MHzのパルスで動作している標準ゲートIC、74AS04に電源を供給している時に作られたノイズである。デジタルICの電源に急峻な間歇電流が流れるために、電源供給配線の残留インダクタンスによりノイズが発生している。

ICなどへの電源供給ラインには図2に示すように、比較的大きいインダクタンス成分、L2（小さい抵抗成分もあるが、影響が小さいので本

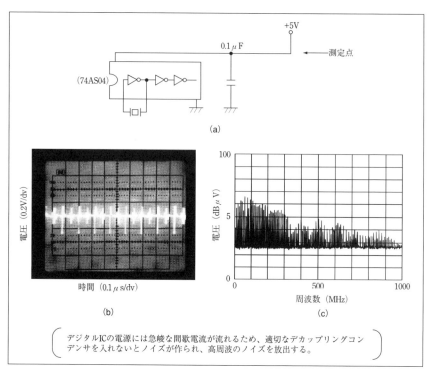

〔図1〕電源で作られるノイズ

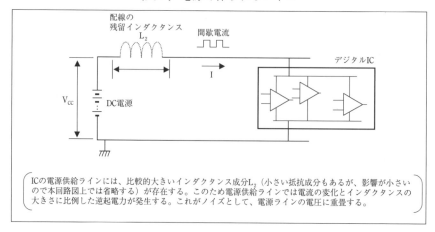

〔図2〕IC電源ノイズ発生のメカニズム

― 144 ―

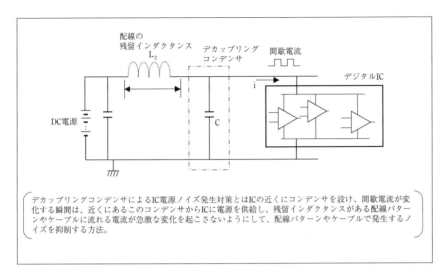

〔図3〕デカップリングコンデンサによるIC電源ラインノイズの対策

回路図上では省略する）が存在する。

　負荷のICが動作をすると、電源供給配線に流れる電流が変化し、この配線の残留インダクタンスL2により

$$V = -\frac{d}{dt} I \times L_2$$

という、電流の変化に比例した逆起電力が発生する。

　電源ラインのノイズは、この電源供給配線のインダクタンスによる起電力が発生の原因である。

　文献や学会の発表などで、電源ノイズの発生源があたかもICなどの半導体であるかのように、半導体を悪者にしているものが多いが、電源ノイズの発生源はICなど半導体ではなく、配線の残留インダクタンスであることを理解する必要がある。

2．デカップリングコンデンサの考え方

　DC電源ノイズの対策にはデカップリングコンデンサを用いて、負荷が急激に変化したときその電流を一時的に補給したり、吸収してノイズ

の発生を抑える方法と、一旦できたノイズをインダクタやフィルタでフィルタリングする方法がある。後者のフィルタリングする方法は、フィルタの直流抵抗成分で電圧が降下したり、フィルタ回路が放射ループを作りノイズを対策するまでにノイズを放射したりすることもあるので、ノイズを作ってから対策するのではなく、適切なデカップリングコンデンサを用い、電源でノイズを作らないことを考えるべきである。

デカップリング（de-coupling）とはde（「隔離、反対」など表わす接頭語）と-coupling（連結）からきた外来語で、電子技術の分野では「電子回路で電線などを伝わることが望ましくない信号やノイズを遮断するために行う回路、構造などの工夫」と定義されている。

デカップリングコンデンサによるIC電源ノイズ発生対策を図3に示す。デカップリングコンデンサによるIC電源ノイズ発生対策とは負荷のICの近くにデカップリングコンデンサを置き、間歇電流が変化する瞬間はこのコンデンサからICに電源を供給し、残留インダクタンスがある配線パターンやケーブルで電流が急激な変化を起こさないようにして、配線パターンやケーブルで発生するノイズの発生を抑制する方法である。

デカップリングコンデンサは俗にバイパスコンデンサ（パスコン）などと呼んでいるため、ローパス型EMIフィルタと混同し、挿入損失やインピーダンスの周波数特性を使って強引な説明をしている文献もあるが、デカップリングコンデンサの役割はフィルタリングではなく、負荷が急激に変化したとき、一時的に電流を補給することにより、負荷回路と電源供給線路の残留インダクタンス間の急激な電流の変化を断ち切り（デカップリングして）、電源電圧を安定化するという機能を司っているのである。

3．デカップリングコンデンサの容量の決め方

電源ラインのノイズ問題はデカップリングコンデンサの直列等価インダクタンスによる問題の方が大きいが、まずは最初にデカップリングコンデンサの容量とノイズの関係から考察する。

周期の短い（周波数が高い）デジタル負荷の時や負荷の変動幅が小さ

い時など、実際には大きい容量のコンデンサを必ずしも必要としないこともあるが、ここでは十分に長い周期のパルス負荷で、電流がゼロから表示値までの変化を繰り返しているというワーストケースで考察をする。

コンデンサもインダクタンスも電磁エネルギーを蓄える性質がある。コンデンサは電圧が上がるとエネルギーを溜め込み、電圧が下がると吐き出す。インダクタンスを有する導体に電流が流れていると、その周囲に磁界ができ、この磁界にエネルギーが蓄えられ、磁界強度を一定にしようとする性質がある。インダクタは導体を流れる電流が変化しようとすると電流の増減率に比例した逆起電力（電流の増減を妨げる方向の電圧）が発生し、電流を阻止する。

逆起電力として働く、インダクタンス中に蓄積される電磁エネルギーは

$$W_L = (1/2) \times LI^2 \quad [J] \cdots\cdots\cdots\cdots\cdots\cdots\cdots\cdots (1)$$

である。

またコンデンサに蓄積されるエネルギーは

$$W_C = CV^2/2 \quad [J] \cdots\cdots\cdots\cdots\cdots\cdots\cdots\cdots\cdots (2)$$

となる。

そうして、インダクタンスに蓄積されたエネルギーとコンデンサに蓄積できるエネルギーが等しい時、コンデンサのエネルギーが全部使われることになるので、コンデンサの電圧、つまり、電源ラインの電圧がゼロになり、電圧は100％変動することになる。すなわち、

$$W_L = W_C$$
$$(1/2) \times LI^2 = CV^2/2$$
$$C = ((1/2) \times 2 \times LI^2) / V^2 = (LI^2) / V^2 \quad \cdots\cdots\cdots\cdots (3)$$

の時、電源ラインの電圧の変動が100%になる。

　また、コンデンサに蓄積されるエネルギーは、式（2）に示すように
コンデンサの静電容量に比例する。このため、抵抗のようなリニヤーに
放電する負荷で放電する場合は電源の電圧の変動はカップリングコンデ
ンサの静電容量に反比例する。そのため、デカップリングコンデンサの
静電容量を2倍にすると、電源ラインの電圧変動は50%になり、5倍に
すると電圧変動は20%になり、10倍にすると電圧変動は10%になり、20
倍にすると電圧変動は5%になる。

4．デカップリングコンデンサ静電容量設計の手順

　負荷の変動による電源ラインの電圧変動は、電源ラインの残留インダ
クタンス、供給する電流の大きさ、電源の電圧、デカップリングコンデ
ンサの大きさの4つで決まる。

　また、電圧変動を一定の値に抑えるためのデカップリングコンデンサ
の大きさは供給する電流の大きさ、電源の電圧、電源ラインの残留イン
ダクタンスで決まることが式（3）からわかる。

　供給する電流の大きさと電源の電圧の値は機器の設計から決まる。電
源ラインの残留インダクタンスとは直近、前段のデカップリングコンデ
ンサ、バイパスコンデンサ、あるいは電源平滑コンデンサ以降の電源ラ
イン残留インダクタンスのことで、電源ラインの残留インダクタンスは、
そのラインの配線パターンの長さやパターンの幅などで決まる。例えば、
パターン幅が0.5～1.0mmの電源ラインの単位長さ当たりのインダクタン
スは0.5nH/mmから1nH/mm程度である。

　デカップリングコンデンサの設計は、まず式（3）で電圧変動が
100%になるコンデンサの静電容量を求める。そうして、電圧変動を
50%に抑えたい時にはコンデンサの容量を100%の時の2倍に、電圧変
動を20%に抑えたい時にはコンデンサの容量を5倍に、電圧変動を10%
にしたい時には10倍に、電圧変動を5%にしたい時にはコンデンサの容
量を電圧変動100%の時の20倍に設定する。

　配線の残留インダクタンスが10nH、30nH、100nH、300nHで、供給す

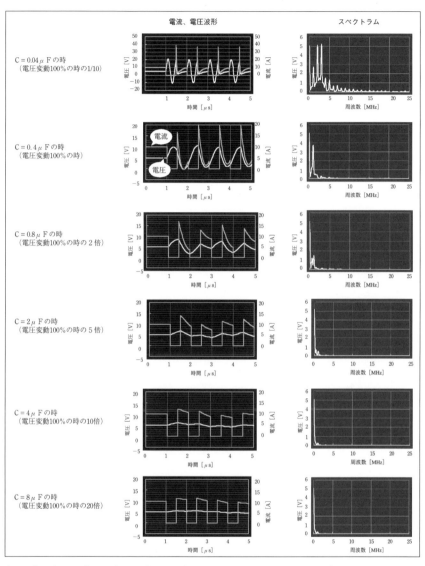

〔図4〕デカップリングコンデンサの大きさによる電源の電流、電圧波形とスペクトラム
（L=100nH、V_{cc}=5V、I=10AのときのPSpiceによるシミュレーション）

〔表1〕デカップリングコンデンサの必要容量値の目安

配線の残留インダクタンス L [nH]	電圧 V [V]	電流 I [A]	電圧変動100%の時の容量値 C [μF]	電圧変動50%の時の容量値 C [μF]	電圧変動20%の時の容量値 C [μF]	電圧変動10%の時の容量値 C [μF]	電圧変動5%の時の容量値 C [μF]
10	5	1	0.0004	0.0008	0.002	0.004	0.008
10	5	3	0.0036	0.0072	0.018	0.036	0.072
10	5	10	0.04	0.08	0.2	0.4	0.8
30	5	1	0.0012	0.0024	0.006	0.012	0.024
30	5	3	0.0108	0.0216	0.054	0.108	0.216
30	5	10	0.12	0.24	0.6	1.2	2.4
100	5	1	0.004	0.008	0.02	0.04	0.08
100	5	3	0.036	0.072	0.18	0.36	0.72
100	5	10	0.4	0.8	2	4	8
300	5	1	0.012	0.024	0.06	0.12	0.24
300	5	3	0.108	0.216	0.54	1.08	2.16
300	5	10	1.2	2.4	6	12	24

〔表2〕配線残留インダクタンスとデカップリングコンデンサの容量と共振周波数

配線の残留インダクタンス L [nH]	電圧変動100%の時		電圧変動50%の時		電圧変動20%の時		電圧変動10%の時		電圧変動5%の時	
	静電容量 C [μF]≧	共振周波数 f_0 [MHz]	静電容量 2C [μF]≧	共振周波数 f_0 [MHz]	静電容量 5C [μF]≧	共振周波数 f_0 [MHz]	静電容量 10C [μF]≧	共振周波数 f_0 [MHz]	静電容量 20C [μF]≧	共振周波数 f_0 [MHz]
10	0.0004	79.577	0.0008	56.270	0.002	35.588	0.004	25.165	0.008	17.794
10	0.0036	26.526	0.0072	18.757	0.018	11.863	0.036	8.388	0.072	5.931
10	0.04	7.958	0.08	5.627	0.2	3.559	0.4	2.516	0.8	1.779
30	0.0012	26.526	0.0024	18.757	0.006	11.863	0.012	8.388	0.024	5.931
30	0.0108	8.842	0.0216	6.252	0.054	3.954	0.108	2.796	0.216	1.977
30	0.12	2.653	0.24	1.876	0.6	1.186	1.2	0.839	2.4	0.593
100	0.004	7.958	0.008	5.627	0.02	3.559	0.04	2.516	0.08	1.779
100	0.036	2.653	0.072	1.876	0.18	1.186	0.36	0.839	0.72	0.593
100	0.4	0.796	0.8	0.563	2	0.356	4	0.252	8	0.178
300	0.012	2.653	0.024	1.876	0.06	1.186	0.12	0.839	0.24	0.593
300	0.108	0.884	0.216	0.625	0.54	0.395	1.08	0.280	2.16	0.198
300	1.2	0.265	2.4	0.188	6	0.119	12	0.084	24	0.059

る電流が1A、3A、10Aの5Vの電源ラインにおいて、電圧の変動を100%、50%、20%、10%、5%にするには、どの程度の容量のデカップリングコンデンサが必要かの目安を表1に示し、図4は残留インダクタンスが100nH、電源ラインの電圧が5V、ON時の電流が10Aで、OFF時はゼロになる電源ラインでデカップリングコンデンサの容量を0.04μF、0.4μF、0.8μF、2μF、4μF、8μFと変えたとき、どのような電圧波形になるのか、どのような電流波形になるのか、また、どのような電圧スペクトラムをもっているのかPspiceでシミュレーションをしたものである。

式（3）のようにデカップリングコンデンサの静電容量を

$$C = ((1/2) \times 2 \times LI^2) / V^2$$

にすると、電源ラインの電圧はほぼゼロまで変動（100%の変動）し、容量を大きくすると、理論通りに変動が小さくなり、ノイズのスペクトラムも小さくなっていくことがわかる。

　また、スペクトラムから、デカップリングコンデンサの静電容量値が問題になるノイズは低域のノイズであることがわかる。

5　電源ラインのインダクタンスとデカップリングコンデンサの共振

　デカップリングコンデンサの静電容量を決めるとき、もう一つ注意しなければならないのが、デカップリングコンデンサと電源ライン残留インダクタンスの共振である。

　図3のように残留インダクタンスがある電源ラインに、デカップリングコンデンサを入れると、

$$f_0 = 1 \left/ \sqrt{4\pi^2 LC} \right.$$

で直列共振がおこり、この周波数およびこの周波数の高調波がノイズになるので、カップリングコンデンサの容量を決める時、この周波数が電磁障害にならないように考慮する必要がある。

　表2に表1に示した各ラインとデカップリングコンデンサの容量を組合わせにした時に起こる共振周波数を示す。

　電源ラインのインダクタのエネルギーを十分吸収できる容量のデカップリングコンデンサを入れた場合も、共振による共振周波数とその高調波周波数のノイズが発生することがあるので注意が必要である。

6．高速のデジタル回路へ電源を供給する電源ラインのノイズ

　電源ラインのノイズで最も厄介なのが、高速で動作をしている回路に電源を供給するラインで発生するノイズである。

　IC回路などの電源ラインには、前出の図1のようにデカップリングコンデンサが用いられており、デカップリングコンデンサが理想的なコンデンサであれば負荷の電流変化がラインのインダクタンスに伝わらないように設計されている。しかし通常のデカップリングコンデンサには、

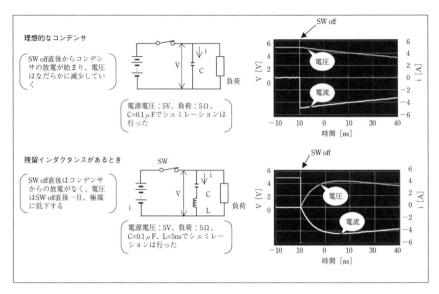

〔図5〕コンデンサの放電特性

コンデンサにも残留インダクタンス（ESL）があり、高速の負荷に電源を供給しているラインで通常のコンデンサをデカップリングコンデンサとして用いると、応答が遅れ、図1のように大きな髭状のスパイクノイズが作られ、重畳してしまう。

図5にコンデンサに残留インダクタンス（ESL）がない時とある時の電流供給の立ち上がり特性を示す。残留インダクタンス（ESL）がない時は電源の電流供給が止まった瞬間にコンデンサから電流が補給され始めるが、残留インダクタンス（ESL）があると、まずこのインダクタンスにエネルギーを溜め込むのに電流が使われるので、その間、一瞬遅れてから、コンデンサからの電流の補給が始まる。この間、電源ラインに大きな電圧変動が起こり、ノイズが作られる。

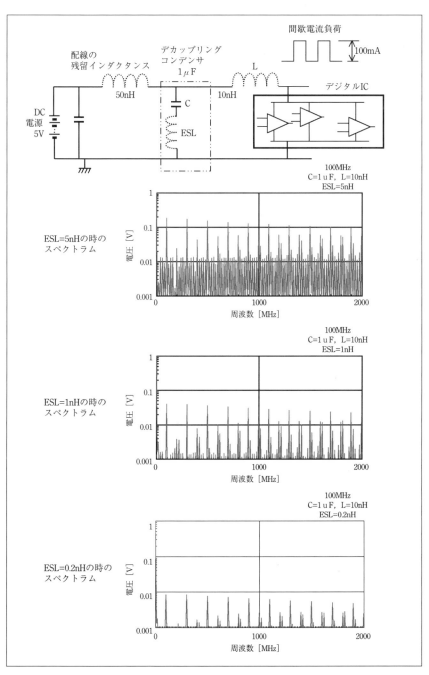

〔図6〕高速回路電源ラインのノイズはデカップリングコンデンサの残留インダクタンス（ESL）で決まる

〔表3〕コンデンサ単体の残留インダクタンスの目安

分類	コンデンサの種類	静電容量	残留インダクタンス
2端子リードタイプ	セラミック積層リードタイプ	$0.01\mu F$	5nH
	セラミック積層リードタイプ	$1\mu F$	6nH
	アルミ電解（高周波用）	$470\mu F$	13nH
	アルミ電解	$470\mu F$	130nH
3端子リードタイプ	セラミック単板リードタイプ	$0.001\mu F$	0.6nH
	セラミック単板リードタイプ	$0.01\mu F$	0.6nH
2端子チップタイプ	セラミック積層チップタイプ	$0.001\mu F$	0.6nH
	セラミック積層チップタイプ	$0.1\mu F$	0.8nH
3端子チップタイプ	セラミック積層チップタイプ	$0.001\mu F$	0.07nH
	セラミック積層チップタイプ	$0.1\mu F$	0.08nH

7．高速のデジタル回路に電源を供給する電源ラインのデカップリングコンデンサ

　高速信号の動作には立ち上がり、立ち下がりの速い信号が必要で、高速のIC回路に電源を供給するような電源ラインでは、電源デカップリングコンデンサの残留インダクタンスの大きさでノイズの強度が大きく変わる。

　図6は0.1Aパルス状の負荷電流が断続的に流れる5Vの電源ラインに直列残留インダクタンスが5nH、1nHおよび0.2nHのデカップリングコンデンサを用いたとき、ノイズの大きさがどうなるかをPspiceでシミュレーションしたデータである。

　表3にデカップリングコンデンサに用いられる代表的なコンデンサの残留インダクタンス（ESL）の目安を示す。

　通常使われている2端子構造のコンデンサでも構造を工夫すれば単体では残留インダクタンスが$0.1nH\sim0.2nH$のものも作れるといわれている。しかし、この2端子構造のコンデンサの場合は両端子に接続する配線の残留インダクタンスの影響が大きい。

　配線による残留インダクタンスは導体の幅、厚み等によって異なるが、配線の長さ1mm当たり、0.5〜1.0nH程度インダクタンスがある。両端に1mmの配線をするとこれだけでも1nH越えるようなの残留インダクタンスが発生する。また、2端子構造の場合、配線の残留インダクタンスを小さくするには装着する場所がグランドと電源ラインの双方に近接した

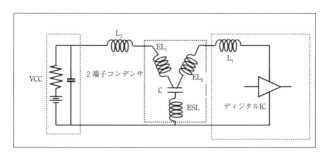

〔図7〕 3端子デカップリングコンデンサの等価回路

場所に限られるという制約も出るので、このような高速のデジタル機器の電源パスコンには3端子構造のバイパスコンデンサを使うことを推奨する。

　図7は3端子コンデンサをICの電源デカップリングコンデンサとして用いた時の等価回路図である。3端子コンデンサの電源ライン側電極には入力側、出力側の独立した2つの端子を設け、コンデンサの電源ライン側の電極や実装パターンで発生する残留インダクタンスはL1、L2の一部として吸収され、ESL（コンデンサと直列に発生する等価直列インダクタンス）としては作用しない。

　デカップリングコンデンサの残留インダクタンスはコンデンサ単体の等価直列インダクタンスだけでなく、実装時に発生する配線の残留インダクタンスも含めたインダクタンスで影響を受ける。このため配線による残留インダクタンスの影響も考える必要がある。

　電源デカップリングコンデンサに3端子コンデンサを使用する場合、配線による残留インダクタンスも電源ライン側で発生する残留インダクタンスについては、機能を低下させることはないが、3端子コンデンサの実装による残留インダクタンスもグランド側で発生する残留インダクタンスはノイズを発生させる原因になるので、抑制できる実装方法が必要である。3端子構造のコンデンサでは、このように配線によるコンデンサと直列に発生する残留インダクタンスはグランド側の配線からしか影響を受けないため、実装状態でも残留インダクタンスを0.1～0.5nH程度に押さえることができる。

また　3端子コンデンサの配置はグランドの近くには配置する必要があるが、電源ラインには近接した場所にコンデンサを配置する必要は必ずしもなく、パターン設計の自由度も広がる。
　図8に高速デジタルIC等の電源デカップリングコンデンサとして作られたセラミックチップ3端子コンデンサを紹介する。また、表3に、市販されている代表的な2端子コンデンサと3端子コンデンサ単体のおおよその直列等価インダクタンス（ESL）を示す。

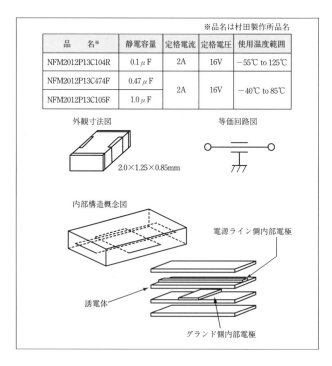

〔図8〕電源ラインデカップリング用セラミックチップ3端子コンデンサ

参考文献
1）坂本幸夫 "現場のノイズ対策入門" 日刊工業新聞社

コラム⑦
3端子電源ラインデカップリングコンデンサ実装の留意点

坂本　幸夫
Yukio SAKAMOTO

株式会社　村田製作所　　東　貴博
Murata Manufacturing Co.,Ltd.　Takahiro AZUMA

　デカップリングコンデンサの残留インダクタンスはコンデンサ単体の等価直列インダクタンスだけでなく、実装時に発生する配線の残留インダクタンスも含めたインダクタンスで影響を受けます。このため配線による残留インダクタンスの影響も考えることが必要です。

　電源デカップリングコンデンサに3端子コンデンサを使用する場合、電源ライン側で発生する残留インダクタンスについては、機能を低下させることはありませんが、3端子コンデンサにおいてもグランド側で発生する残留インダクタンスはノイズを発生させる原因になりますので、この残留インダクタンスを抑制できる実装方法が必要です。

　チップ3端子コンデンサを高速のデジタルICなどの電源ラインのデカップリングコンデンサとして使うときの推奨配線パターンと実装基板の推

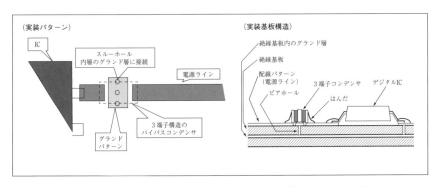

〔図1〕セラミック3端子コンデンサを電源デカップリングコンデンサとして使うときの推奨実装方法

奨構造を図1に示します。

　グランド側の残留インダクタンス（ESL）を抑制するためには、基板の内部あるいは基板の裏面全面にグランド層を設けたプリント基板を採用し、図1に例を示すようにコンデンサのグランド電極と近接した場所にビアホール（スルーホール）を設けて、基板表面のグランドパターンと接続した構造にすることをおすすめします。

　実装時のESLはビアホールの数、ビアホールの深さ、あるいはビアホールの径などによって影響を受けます。図2にビアホールのビアホールの数とESLの関係を確認した結果を示し、図3にビアホールのビアホール深さとESLの関係を示します。

　3端子コンデンサを用い、ビアホールの数を複数個にすることや、ビアホールの深さを短くするなど、適切な設計を行えば、実装による残留インダクタンスを含めたESLを0.1〜0.2nHに抑えることも可能です。

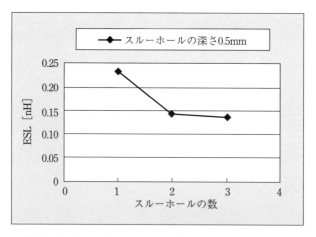

〔図2〕デカップリングコンデンサの基板のスルーホールの数と実装のESL

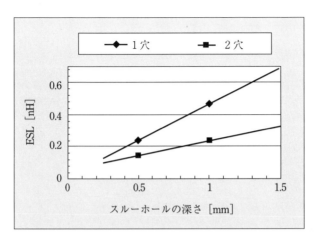

〔図3〕デカップリングコンデンサの基板のスルーホールの深さと実装のESL

第9編 ノイズ対策の手法と対策部品(7)

共振防止対策部品によるノイズ対策

実践講座＜対策部品で行うEMI対策＞（第9回）では共振動防止対策部品によるノイズ対策法について学ぶ。今回は、共振とは何か、ノイズと共振にはどうのような関係があるのかなど共振防止のよるノイズ対策の基礎について再確認した後、ダンピングノイズ対策部品によるノイズ低減とインピーダンス整合によるノイズの低減について学ぶ。

　今回の「共振防止対策部品によるノイズ対策手法」は信号のインテグリティ改善と両立する魅力的なノイズ対策手法である。

1．「共振防止対策部品によるノイズ対策」とは何か

　放射しているノイズやノイズ端子電圧のレベルはノイズの発生源のレベルに比例すると考えるのが自然であるが、実際の放射レベルやノイズ端子電圧は必ずしも発生源のレベルには比例していない。周波数によって、発生源のレベルは低いのに放射やノイズ端子電圧のレベルが高い周波数帯があったり、逆にノイズの発生源ではノイズのレベルが高い周波数帯なのに放射やノイズ端子電圧のレベルは低いことがあるのに気付かれている方もいると思う。

　図1はこの変化を確かめたものである。図1は発生源信号のスペクトラムとこれを100mm離れたところまでプリント配線で伝送し、この回路から放射したノイズを3m法で測定したレベルを発生源のノイズ分布と比較したものである。デジタルノイズの発生源であるパルス等、歪み波のスペクトラムは図1（a）に例を示すように、基本波がピークになり、減衰しつつ、高域に裾を引くスペクトラムである。しかしこの信号が伝送ラインから放射するノイズのスペクトラムは図1（b）に例を示

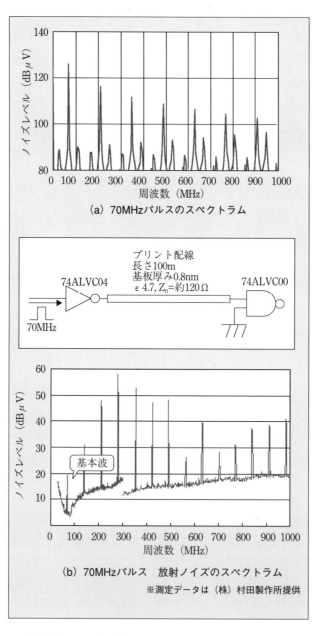

〔図1〕ノイズ発生源と放射ノイズのスペクトラム

すように基本波とは別のところにピークができ、しかもそのピーク付近の高調波のスペクトラムは基本波より、はるかに高くなっている。70MHzのパルスをプリント配線基板に流したこの実験例では、図1 （b）のように280MHz付近の周波数帯に基本波より40dB（電圧比：約100倍）も高いピークが現れている。これが共振の影響である。この共振はノイズエミッションのレベルを上げるだけではなく信号を歪ませて、動作不良を引き起こす原因にもなる。デジタル回路では伝送路の共振、定在波の発生が一つの大きな問題となっている。

　共振防止部品によるノイズ対策とは共振を起こす原因を抑え、ノイズのピークのレベルを下げる方法である。この共振を抑えることは信号の歪みをなくすことでもあり、シグナルインテグリティ（Signal integrity）、イミュニティ（Immunity）の改善をすることにもなる理想に近いノイズ対策法である。

　「共振防止によるノイズ対策」という言葉を使うのは筆者が初めてかもしれないので、本論へ入る前に、ここで言う共振とは何か、その共振はどのようにして起こるかなど、共振防止によるノイズ対策の基礎について再確認したい。

　共振（resonance）とは特定の回路や線路に周期性のある信号が外部から加わった時、そのデバイスや回路や線路において、外部信号の中の固有周波数の振動振幅が急激に増加する現象を言う。共振防止によるノイズ対策とは、この固有周波数の振動振幅が急激に増加するのを防止し、固有周波数のノイズレベルを上げないようにする手法である。

　共振防止によるノイズ対策は前述のように信号伝送のインテグリティと両立する非常に魅力的なノイズ対策手法でもある。

　ノイズに関わる主要な共振には回路素子のL、Cによる共振と定在波がある。ノイズで問題になる共振には電源回路やスイッチ回路等で起こるL、Cの共振と高周波の伝送路や配線回路基板で起こる定在波と呼ばれている伝送線路共振等がある。L、Cの共振は比較的低い周波数帯で問題になることが多く、定在波は周波数が高く回路の寸法が波長に近い高い周波数帯で問題になる。

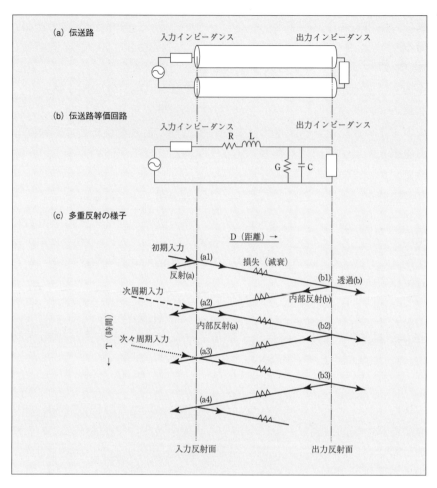

〔図2〕伝送路定在波（共振）発生のメカニズムと対策のポイント

2．共振のメカニズム

　図2を使い、定在波の発生のメカニズムと共振防止によるノイズ対策のポイントを説明する。

　図2（a）は伝送路のイメージ図、図2（b）はそれを等価回路で示す。図2（c）は伝送路内とその周囲の反射、減衰、重畳の様子を示すものである。a点を透過して伝送路に入ったノイズは線路内の損失により減

衰しつつb点に達し、b点で一部が反射し、線路内の損失で減衰しa点に帰る。またa点でその一部が反射し、それが再びb点に向かう。その時、a点では新たに入力側から入ってきた信号（ノイズ）が重畳する。新しく透過してきた信号（ノイズ）の位相が180度ずれているときは打ち消されて減衰するが、位相差が360度付近になる周波数帯では加算される。このような現象はa2点だけではなく、a3、a4、…と繰り返される。線路内の損失が小さく、反射が大きいと線路内のエネルギーが溜まり、高まっていく。この様にして伝送路の反射面から、反射面の距離で決まる固有の周波数の信号（ノイズ）だけが増大する。

　共振の大きさを決める要素には反射面での反射係数の大きさと往復する伝送路での減衰の大きさという２つの要素がある。すなわち、固有の周波数でノイズが増大する大きさは出力の反射面での反射係数の大きさと伝送路の損失で決まる。

　反射係数は伝送路のL、R、G、Cで決まる特性インピーダンス　Z0と入出力インピーダンスの差で決まる。

　ちなみに、

　特性インピーダンス $Z_0 = \sqrt{(j\omega L + R)/(j\omega C + G)}$

　反射係数＝$(Z - Z_0)／(Z + Z_0)$

となる。

　Zは反射面から見た入力側、あるいは出力側のインピーダンスである。

　反射は半導体ディバイスの入出力の反射面だけでなく、対策部品を挿入した場合はその対策部品と伝送路との間、基板とインターフェースケーブルと接続するターミナルなどでも起こる。

　また、共振による固有周波数での増大は伝送路の損失（減衰）の大きさも影響をする。伝送路の単位長さ当たりの減衰は

$$10\log(e)\times\left\{\frac{R}{Z_0} + GZ_0\right\} \ [dB/m]$$

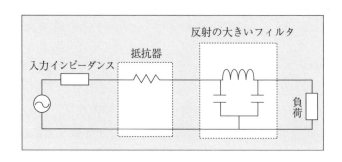

〔図3〕抵抗器を使ったダンピングによるノイズの抑制

となるが、数GHzまでの周波数帯では、$Z_0 \gg R$、$G \ll Z_0$のために、伝送路自体の損失は小さく、減衰が小さいため、伝送路の両端で反射が少しでもあると、幾度も往復を繰り返し、これに次週期、次々周期…の入力が加わり、この固有の周波数のノイズが増大する。ただし、Rは伝送路単位長さ当たりの抵抗で、Gは伝送路単位長さ当たりのコンダクタンスである。

　伝送回路の共振によって増大するピークのノイズレベルを抑えるには、伝送路の損失を大きくすることと反射係数を小さくすることが必要である。すなわち伝送回路において共振により増大するノイズ対策には伝送路の損失が大きくなる対策部品の挿入する方法と、入出力インピーダンスと伝送路の特性インピーダンスのインピーダンスマッチングをとる二つの方法がある。

3．ダンピング部品で共振を抑えるノイズ対策

　最初に、前者の損失を大きくする対策部品を挿入する方法について説明をする。

　線路の損失が小さく、減衰が小さい伝送線路では出力側、入力側の両端で、伝送インピーダンスのミスマッチングで反射したノイズ信号が往復を繰り返し、これに新たな次週期、次々週期…の信号が重なり、定在波のうねりが大きくなっていく。このような定在波を抑制する一つの方法に、伝送路における損失（減衰）を大きくする方法、すなわちダンピ

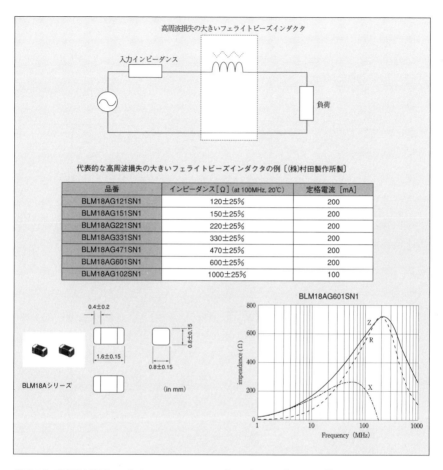

〔図4〕高周波損失の大きいフェライトビーズインダクタを使ったダンピングによるノイズの抑制

ング機能を有する対策部品を用いる方法がある。伝送路の損失（減衰）を大きくしてノイズを抑える部品には図3、図4、図5に示すようなダンピング機能を持ったノイズ対策部品による対策手法が有効である。

　ダンピングによるノイズ対策部品とは、有効信号に対してはあまり大きな影響を与えない範囲で、ロス成分としての抵抗成分（Resistive Part）を入れ、定在波の発生や共振を抑制する方法である。ダンピング機能を

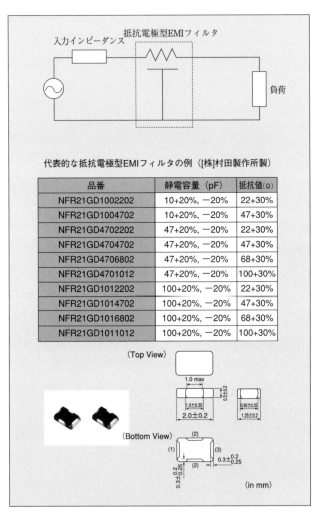

〔図5〕抵抗電極型EMIフィルタを使った
ダンピングによるノイズの抑制

有する対策部品には図3のような有効信号に対してはあまり大きな影響を与えない抵抗単体、図4のような定在波が立つ高周波数領域で損失が大きくなるフェライトビーズインダクタ、図5のようなスルー電極に抵抗を用い、ロスを大きくした専用のEMIフィルタ（例：村田製作所製チ

-168-

ップエミフィルRCR複合タイプNFRシリーズ）などがある。
　抵抗器を使いダンピングする方法は単独でも用いられる。また、フィルタリング特性は優れているがQが高く、対策部品と伝送路との間の反射が大きいコンデンサやπ型ローパスEMIフィルタなどの高性能なノイズフイルタを用いる時にも、これらのフィルタと一緒に用いられる。図3はπ型フィルタと一緒に用いたときの例である。
　このダンピング機能を有する対策部品を用いたノイズ対策方法は、周波数によりノイズと信号を分離しているのではないため、信号周波数が高く、信号の周波数とノイズの周波数帯が重なるような高速の信号回路でも使えるのも特徴である。

4．インピーダンスの整合で共振を抑えるノイズ対策

　次に、入出力インピーダンスと伝送路の特性インピーダンスのインピーダンスマッチングをとりノイズ対策する方法について説明する。共振防止によるノイズ対策には前述のダンピングによる対策の他に、インピーダンス整合素子により反射を小さくして、ノイズ発生を防ぐ方法がある。
　デジタル回路基板などでは伝送線路であるプリント基板の信号パターンとそれに接続されるICやインターフェースケーブルなどとのインピーダンスのマッチングをとることが難しく、伝送インピーダンスが急激に

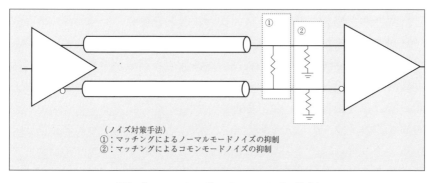

〔図6〕マッチングによるノイズの抑制

変わり、反射が起こり、定在波が立つことがよくある。定在波が立つと前述のようにノイズ放射が大きくなったり、信号が歪む原因になる。インピーダンス整合素子とは伝送路のインピーダンスが急激に変化するのを防ぐために用いられる抵抗器等の電子部品のことである。インピーダンス整合素子によるノイズ発生の対策とは線路に抵抗器等のインピーダンスマッチング素子を伝送線路へ直列に入れたり、線路間や線路とグランド間に挿入することにより反射を押さえ、放射ノイズを低減する方法のことである。

　図6に差動伝送線路におけるマッチングによるノイズ対策の例を示す。ノイズ対策のための整合には図6の①に示すようなブリッジ終端などと呼ばれるノーマルモードノイズの抑制ためのインピーダンス整合と、図6の②に示すようなシングルエンド終端などと呼ばれるコモンモードノイズを抑制のためのインピーダンス整合が必要である。

　一義的には①のブリッジ終端などと呼ばれるノーマルモードの終端はノーマル信号のインテグリティを確保するのが目的で、②のシングルエンド終端などと呼ばれるコモンモードの終端はノイズの放射を抑えるのが目的であるが、①のノーマル信号の乱れはモード変換により、ノイズの放射にも影響を与え、②のシングルエンド終端は両ラインのシングル終端が等価的に直列でブリッジ終端としてはたらくため、この2つの終端は総合的に判断して設定することが重要である。

5．共振防止部品によるノイズ対策の特徴と効果

　伝送路で共振が起こると信号が歪む。信号の波形が歪み、複雑な波形になるとこれを構成するための固有周波数の高調波が大きくなり、この高調波に伴う固有周波数のノイズが増大する。共振防止によるノイズ対策の特徴は共振により、信号の波形が歪むのを防止することにより、固有周波数のノイズの増大を抑制する方法である。このように共振防止によるノイズ対策はノイズ対策と信号のインテグリティ（質）の確保を両立させようという魅力的な方法である。また、このノイズ対策はノイズと信号を周波数で分離しているのではないため、信号の高速化に伴なっ

－170－

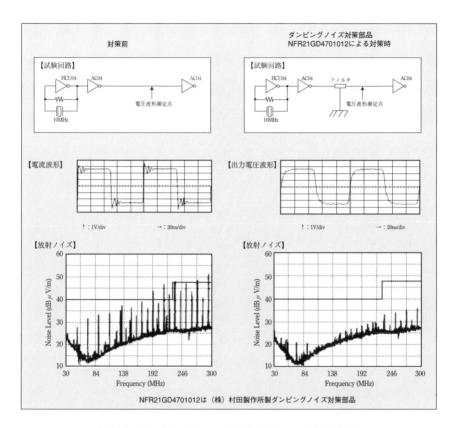

〔図7〕ダンピングノイズ対策部品による対策効果

て、ノイズの周波数が高くなり、信号の周波数と重なるようなノイズの対策に使えるのも魅力な特徴である。

　図7にダンピングノイズ対策部品を使った共振防止によるノイズ対策効果の例、図8にインピーダンス整合による共振防止のノイズ対策の例を紹介する。

　いずれも対策を施すことにより、信号の波形が理想の波形に近くなり、かつ放射ノイズのレベルが下がっている。今回の実験はダンピング部品による共振防止とインピーダンス整合による共振防止のノイズ対策を単独で確認したが、ダンピング部品とインピーダンス整合は併用すること

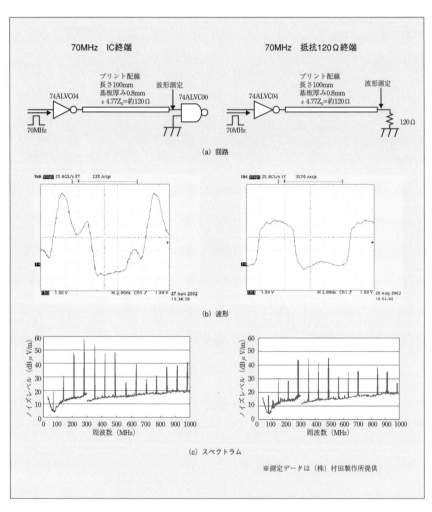

〔図8〕インピーダンス整合による効果

ができ、また従来のローパス型EMIフィルタなどと併用することもできるので、併用することにより、より高度の対策を期待できる。

参考文献

1）坂本幸夫"現場のノイズ対策入門"日刊工業新聞社
2）坂本幸夫"デジタルノイズ対策講座（16)"電子技術2003年7月号,
日刊工業新聞社
3）碓井有三"ギガビット回路のシングルインテグリティ", EMCノイ
ズ対策技術シンポジウムテキスト, 日本能率協会

コラム⑧

RC複合タイプ 波形歪抑制機能付き3端子コンデンサ

―波形歪抑制機能付き3端子コンデンサはグランドインダクタンスの影響も小さい―

坂本　幸夫

Yukio SAKAMOTO

株式会社　村田製作所　東　貴博

Murata Manufacturing Co.,Ltd.　Takahiro　AZUMA

　RC複合タイプNFR21Gシリーズ（図1）は、その内部電極の信号線路に抵抗成分を形成したチップ3端子コンデンサです。そのため、NFR21Gをデジタル信号ラインに取付けた場合、その抵抗成分がダンピング機能を果たすので、デジタル信号の波形ひずみが抑制されます。また、NFR21Gはその抵抗成分でノイズを吸収しながらグランドへ還流するので、比較的グランドの弱い回路でもノイズ除去が可能です。

　このNFR21Gシリーズと、一般的な3端子コンデンサであるNFM21Cのノイズ対策効果を比較した例を紹介します。図2に示した回路を用い、10MHzクロックの高調波ノイズを抑制しました。グランドが良好な場合とそうでない場合の両方を紹介します。

　図3はグランドが良好な場合のノイズ対策効果の例です。フィルタグランドのラウンドパターンと基板裏面のグランド層は複数のスルーホールで接続し、グランドのインダクタンスを小さくしています。このようにグランドのインピーダンスが小さい例では、ノイズがグランドへ流れ込みやすいので、NFR21GとNFM21Cの両者とも十分なノイズ対策効果を得ることができ、ノイズ対策効果に大きな差はありません。

　しかしながら、良好なグランドが得られない場合は、NFR21Gの方が良好なノイズ対策効果を得ることができます。その例を図4に紹介します。フィルタ取付け位置にグランド層がないため、グランドのインピーダンスが高くなっています。一般的な3端子コンデンサであるNFM21Cでは、グランドのインピーダンスが高いので、コンデンサの働きである

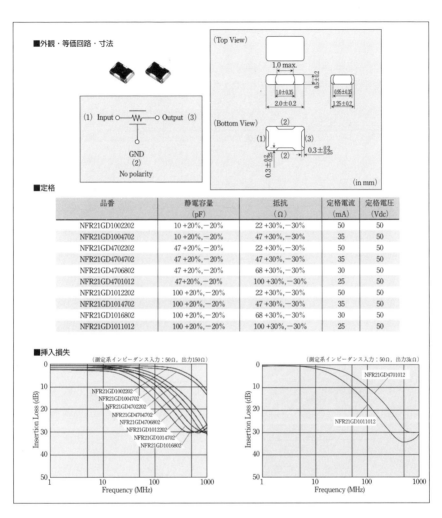

〔図1〕RC複合タイプ　NFR21Gシリーズ

グランドへのノイズ還流がうまくいかず、ノイズ対策効果はおもわしくありません。一方NFR21Gは、抵抗とコンデンサを分布定数的に形成しているので、コンデンサへの突入電流を抵抗成分が抑えることができ、大きなノイズ効果を発揮しています。つまり、プリント基板の都合上良好なグランドが取れずノイズ対策が問題となった場合には、NFR21Gを

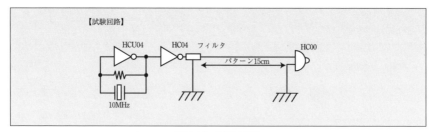

〔図2〕試験回路

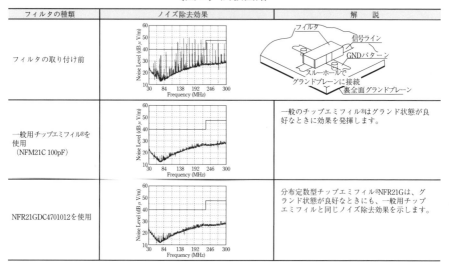

〔図3〕良好なグランドがとれる場合のノイズ対策効果

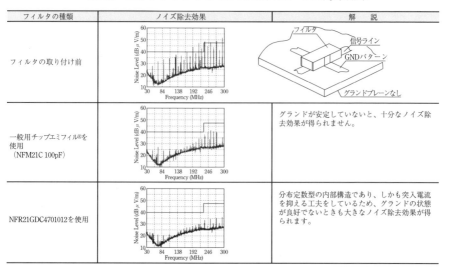

〔図4〕良好なグランドがとれない場合のノイズ対策効果

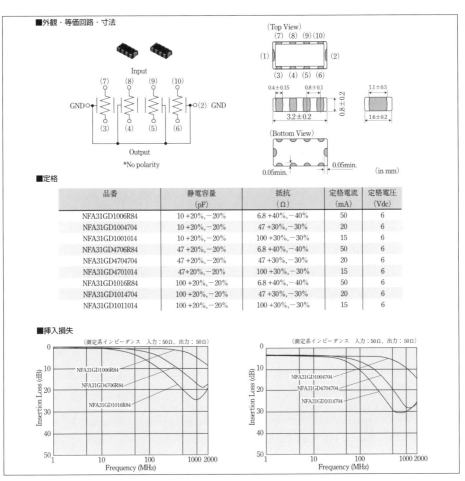

〔図5〕RC複合アレイタイプ　NFA31Gシリーズ

　ご使用いただくと効果的にノイズを対策することが可能となります。
　次に、複数のデジタル信号回路が並列に形成されるデータバスラインのノイズ対策について説明します。ICとドライバ間のバスラインです。このようなバスラインに使用するフィルタは、大きなノイズ対策効果が必要とされるだけでなく、高密度実装が要求されます。このようなバスラインのノイズ対策用として、NFRシリーズを複合化したのがRC複合アレイタイプNFA31Gシリーズ（図5）です。NFA31Gシリーズは3.2×1.6mmサイズの中に0.8mmピッチでRC複合タイプのノイズフィルタを4

回路内蔵しています。

　このようなフィルタを使用することにより、高密度実装でのノイズ対策が可能になります。

第10編 ノイズ対策の手法と対策部品(8)

対策部品で行う平衡伝送路のノイズ対策

平衡伝送がLAN、UBS、IEEE1394、LVDSなどで活用され、デジタル機器の高速化の主役になりつつある。差動信号は両ラインの信号電流の和が常に一定であり、空間に放射するコモンモードノイズの成分は発生しないはずである。しかし、実際の伝送ラインではドライバのインピーダンスのバラツキなどにより、両信号の振幅や立ち上がり時間、あるいは位相などのバランスが崩れると、非平衡成分（コモンモード成分）が発生し、ノイズを放射する。今月は、この差動信号のノイズについて発生のメカニズムとそのノイズの性質を学ぶ。

1．平衡伝送とは

　通常の伝送（不平衡伝送）はシグナルグランドを基準にした電位で伝送が行われるが、平衡伝送は一対（二本）のラインの相対電位差で信号を送る伝送方式である。この平衡伝送は差動伝送と呼ばれることもある。

　図1はシングルエンドドライブの不平衡伝送方式と対比した説明図である。平衡伝送は差動型ドライバーでシングルエンドドライブ信号を一旦差動信号に変換して伝送した後、差動型レシーバで受けて元のシングルエンドドライブ信号に戻す。

平衡伝送には本来、

　①外来ノイズに強い。

　②送り側の回路のシグナルグランドと受け側のシグナルグランドに電位差が発生しても誤動作が起こらない。

　③放射ノイズを抑制できる。

などの特長があり、シングルエンドドライブの不平衡伝送に比べ、遠く

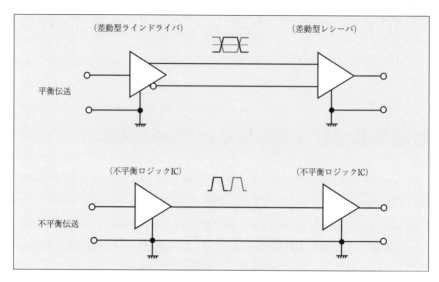

〔図1〕平衡伝送と不平衡伝送

に、高速で、確実に伝送することができる伝送方法で、ケーブルやプリント配線における高速伝送の切り札になるものと思う。このように平衡伝送方式は中長距離に高速で伝送することが可能なため、最近は多くのデジタル情報技術の分野で使われるようになっている。LANの分野では1976年にXOROX社が3Mbpsの平衡伝送方式のLANシステムを発表し、その後IEEE802.3へと発展している。我が国でも1990年代に開発されたデジタル交換機には平衡伝送が活用されている。最近でもUSBやIEEE1394やLVDSなど代表的なインタフェースや回路システムで活用され始めており、今後ますます広い分野で使われるものと思う。

しかし、平衡伝送方式には次のような問題や課題もある。

① ドライバーのばらつき等により両信号間の振幅や位相などに差異が発生すると、ノイズが発生したり外来ノイズで誤動作が起こる。

② それぞれのラインとグランド間の浮遊容量等のバランスが崩れると、ノイズが発生したり外部ノイズで誤動作が起こる。

③ ノーマル、コモン両モードのインピーダンスマッチングをとる必要がある。

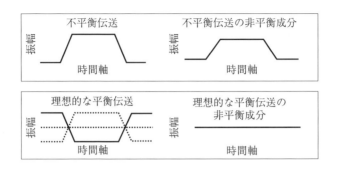

〔図2〕不平衡伝送信号と不平衡伝送信号の非平衡成分

　平衡伝送方式は高速の信号伝送に対し、シグナルインテグリティ (Signal Integrity) も含めたEMI特性が優れているため、高速化の主役になるものと思われるが制約も多く、差動伝送、平衡伝送の文献もシングルエンドドライブ伝送の文献に比べると極めて少ないため、理解ができず手を上げてしまうユーザーもいる。平衡伝送は、その性質をよく理解して使う必要がある。

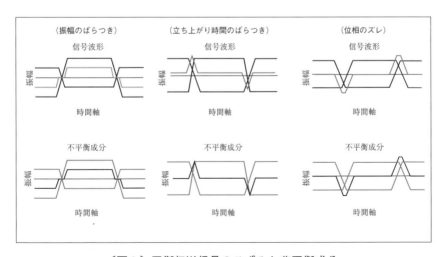

〔図3〕平衡伝送信号のひずみと非平衡成分

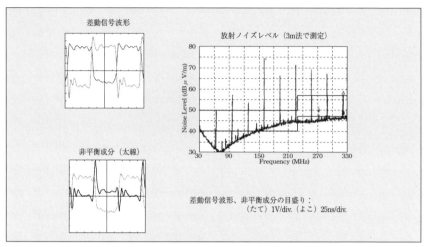

〔図4〕60Mbps平衡伝送信号の非平衡成分と放射ノイズレベル

2．平衡伝送ラインでノイズが作られる

　理想的な差動信号は、図2に示すように両ラインの信号電流の和が常に一定であり、空中に放射する原因になる非平衡成分は存在しないはずである。しかし、実際の平衡伝送ラインではノイズが作られることがある。実際の伝送ラインでは差動型ドライバのバラツキや回路のインピーダンスのバラツキなどにより、両信号の振幅がばらついたり、立ち上がり時間や位相にズレが生じたり、信号のバランスが崩れて、非平衡成分が発生することがある。そうして両ラインのインピーダンスのバランスに崩れがあると空間に放射する。図3は振幅のばらつき、立ち上がり時間のばらつき、位相のズレを想定して表計算ソフトで不平衡成分を作図で確かめたものである。

　また、図4は実際に約60Mbpsの差動信号を作り、伝送して3m法で放射レベルを測定してみたものである。両信号の位相がズレると信号の波高値より高い急峻な非平衡成分が発生し、強い放射ノイズが出ることがあることがわかる。この実験では上向非平衡成分が信号波高値の2倍程度まで達し、放射している電磁波を3m法で測定すると75dBμV程度の強いノイズが出ていることがわかる。

-182-

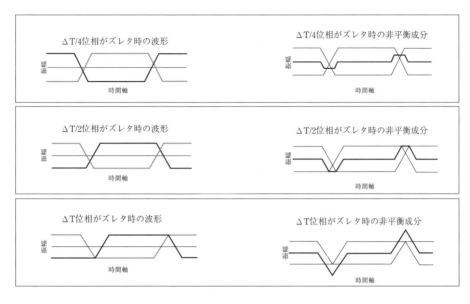

〔図5〕位相差と非平衡成分

3．信号の位相ズレとノイズ

　差動信号では前述のように両信号の振幅や立ち上がり時間に差異があったり、位相にズレがあったりして、信号のバランスが崩れると非平衡成分が発生する。中でも特に両信号間に位相のズレができると波高値の高い、急峻な非平衡成分が発生し、高い周波数帯域に至るノイズを放射する原因になる。図5は位相差が立ち上がり時間の1/4、1/2、1と変化したとき、非平衡成分がどの様に変わるか表計算ソフトで調べてみたものである。両信号間に立ち上がり時間の1/2程度の位相差があると元信号の波高値と同等の非平衡成分が発生し、信号の立ち上がり時間相当以上のズレがあると非平衡成分のピークは元波形の2倍になる。

　当然、位相差が小さく非平衡成分のピークの低い時には非平衡成分のスペクトラムも弱く、位相差が大きくなり、非平衡成分のピークが高くなると非平衡成分のスペクトラムも強くなる。図6に両信号間に位相のズレによる非平衡成分と非平衡成分のスペクトラムの関係を示す。平衡

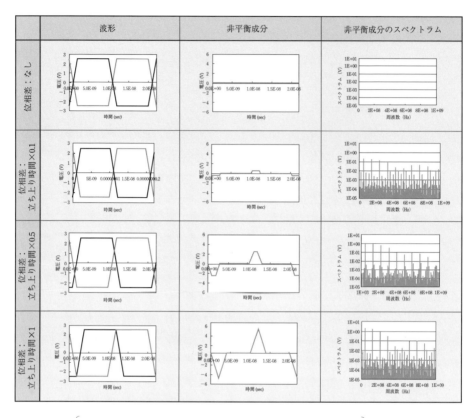

位相差が大きくなると非平衡成分スペクトラムも強くなる。立ち上がり時間の1/10程度の位相ズレでも相当な非平衡成分が発生する

〔図6〕信号の位相差と非平衡成分スペクトラム

　伝送では非平衡成分、コモンモード成分に関する意識は希薄になりがちであるが実際の回路では相当強力な非平衡成分も発生するので、この対応を考慮する必要がある。

4．線路のインピーダンスバランスと放射

　前項で、差動信号で両信号に位相差や立ち上がり立ち下がりの時間の差、振幅などに差があると非平衡成分が発生することについて説明

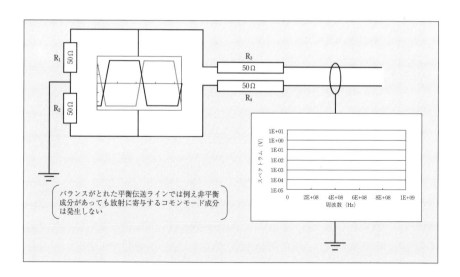

〔図7〕バランスがとれた平衡伝送回路とノイズ放射成分

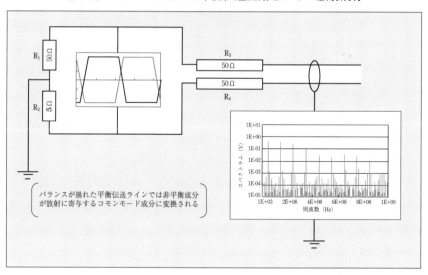

〔図8〕バランスが崩れた平衡伝送回路とノイズ放射成分

したが、平衡伝送回路に非平衡成分が発生すると必ず放射が始まるわけではない。逆に放射していない平衡伝送回路には非平衡成分が存在

していないと考えるのも間違いである。平衡伝送回路に非平衡成分が発生して、これがコモンモード成分に変換されると放射する。

図7と図8は同じ非平衡成分を持つ差動信号を用い、伝送回路のインピーダンスのバランスがとれてコモンモード変換されない時と、伝送回路のバランスが崩れ不平衡成分がコモンモード変換されコモンモード成分が発生する時のコモンモードスペクトラムを比較したものである。図7と図8はR_1、R_2、R_3、R_4とも50Ωでバランスがとれ、コモンモード変換率がゼロの回路（図7）と、R_2を5Ωにしてコモンモード変換率を約0.4にした回路（図8）を作り、P-SPICEでコモンモードのスペクトラムを比較したものである。同じ非平衡成分を持つように、差動信号には両図とも図6の位相差が立ち上がり時間の1/2のものを使った。この図からもわかるようにコモンモード変換率が完全にゼロの回路では差動信号に非平衡成分を含んでいてもコモンモード成分は全く発生しないが、コモンモード変換率を約0.4の回路ではコモンモード成分が発生することがわかる。

コモンモード変換率およびコモンモード電圧とノーマルモード電圧の関係は次のような式で表わせる。

コモンモード変換率：
$$\{(R_1 \times R_4) - (R_2 \times R_3)\} \,/\, \{(R_3 + R_4) \times (R_1 + R_2)\}\,V_c$$
$$= V_N\{(R_1 \times R_4) - (R_2 \times R_3)\} \,/\, \{(R_3 + R_4) \times (R_1 + R_2)\}$$
ただし
V_c　：コモンモード電圧
V_N　：ノーマルモード電圧

平衡伝送回路ではシングルエンドドライブを行っている不平衡型伝送回路に比べ、シグナルインテグリティの面からもインピーダンスのバランスを考慮することが必要であり、バランスがとられていると比較的大きい非平衡成分があっても放射ノイズは小さい。

5．平衡伝送路のノイズの発生を抑える方法

平衡線路のノイズ対策にはコモンモード成分を抑制する方法と発生したコモンモード成分をノーマルモード成分に変換してしまう方法の2つ

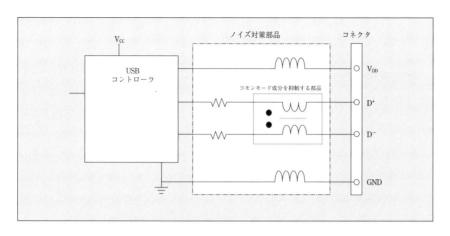

〔図9〕コモンモード成分を抑制するUSBのノイズ対策の例

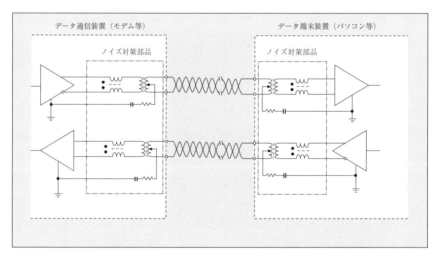

〔図10〕有線LAN(イーサネット)の平衡伝送路ノイズ対策の例

がある。図9にコモンモード成分を抑制するUSBのノイズ対策の例を示し、図10にコモンモード成分をノーマルモード成分に変換してしまうイーサーネットのノイズ対策の例を示す。

5—1　コモンモード成分を抑制する方法

　コモンモード成分を抑制する方法には、本講座の第6回で説明した図

11に示すような①コモンモードチョークによる対策、②フェライトリングコアによる対策、③バイパスコンデンサによる対策、④単独チョークコイルによる対策、⑤絶縁トランスによる対策、⑥フォトカプラによる対策などがあるが、最もよく使われる方法はコモンモードチョークによる対策である。

5—2　コモンモード成分をノーマルモード成分に変換する方法

　コモンモード成分をノーマルモード成分に変換する部品にはバラン（平衡不平衡変成器）がある。バランはTVアンテナ回路やEMC測定アンテナ回路の平衡型のアンテナから同軸ケーブルのような不平衡型の給電線に接続するときのモード変換、平衡型線路と不平衡型線路のインピーダンスの整合などに用いられているが、このバランには不平衡成分を平衡成分に変換する機能があるので平衡伝送ラインに不平衡ノイズが重畳しているときのノイズ対策部品としても使われる。

　平衡伝送ラインに不平衡ノイズが重畳しているときのノイズ対策部品として使われるバランは図12、図13に示すようなコモンモードチョークと抵抗あるいはインダクターのバランサーと組み合わせたものや中間タップを設けた絶縁トランスが使われる。また、バランサーあるいは中間タップは直接シグナルグランドに接続されることもあるが、図10の例のように直流カット用のコンデンサを介してシグナルグランドに接続したり、インピーダンス整合用の抵抗を介して接続することもある。

6．差動信号伝送ラインではノーマルモードとコモンモード両モードのターミネートが必要

　差動信号伝送ラインも伝送路のインピーダンスが急に変わると反射が起こり、信号が歪んだり、定在波が立って特定の周波数のノイズ放射が極端に大きくなったりする。平衡伝送は高速の信号を扱う機会が多く、このような現象は平衡伝送で扱うような高速の信号の時に顕著に現われる。このため、平衡伝送ラインではターミネート（終端処理）を念入りに行う必要がある。

　平衡伝送ラインでのターミネートでは、本講座第9回の「共振防止対

対策の種類	対策部品	特徴および留意点
1．コモンモード・チョークによる対策	コモンモード・チョーク 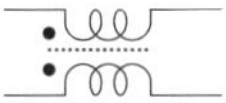	・電源ラインや信号ラインに最もポピュラーに用いられている ・コイルの浮遊容量があると高域のノイズは除去しにくい
2．フェライト・リング・コアによる対策	フェライト・リング・コア 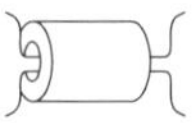	・入出力間の等価容量が極めて小さいため、高域ノイズ対策に向いている ・大きいインダクタンスはとれないため低域ノイズには不向き
3．バイパスコンデンサによる対策	コンデンサ 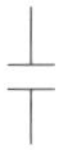	・高域の対策に適する ・ライン間の信号も減衰させるので注意が必要 ・グランドへの漏洩電流にも注意が必要
4．単独チョークコイルによる対策	チョークコイル 	・コモンモードノイズも減衰させるが信号の方がより大きく減衰することがあるので要注意
5．絶縁トランスによる対策	トランス 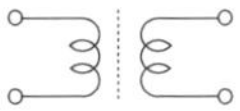	・1次、2次間に浮遊容量があると高域ノイズがパスしてしまう ・電源ラインの対策に適している ・形が大きい
6．フォト・カプラによる対策	フォト・カプラ 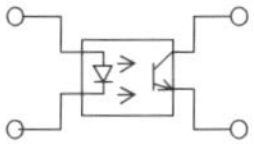	・デジタル信号ラインに向いている ・電源ラインでは使えない

〔図11〕コモンモード成分を抑制する方法

策部品によるノイズ対策」で説明してきたように通常 差動信号と非平衡成分が同時にのるので、平衡伝送ラインでは両線間の差動信号のノーマルモードのターミネートと両ラインとグランド間のコモンモードのターミネートの両モードに対するターミネートが必要である。

参考文献

1）坂本幸夫,「デジタルノイズ対策入門講座（4）」、電子技術 2002年5月号，日刊工業新聞社

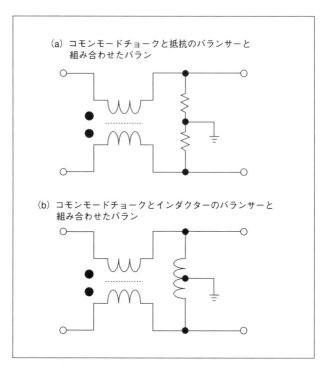

〔図12〕コモンモードチョークと抵抗あるいは
インダクターのバランサーと組み合わせたバラン

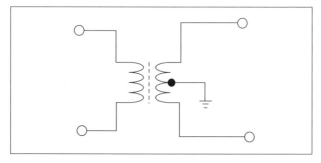

〔図13〕中間タップを設けた絶縁トランスを使ったバラン

コラム⑨

USB2.0に対応した
コモンモードチョークコイルの使用と注意点

株式会社　村田製作所　間所　新一　　　　後藤　祥正
Murata Manufacturing Co.,Ltd.　Shin-ichi MADOKORO　Sachimasa GOTOH

　高速な差動伝送ラインにおけるノイズの対策手法として一般的にコモンモードチョークコイルが使用されます。しかし、USB2.0の場合、コモンモードチョークコイルの使用方法を誤ると波形品位に問題が生じ、コンプライアンステストで不合格になる可能性があります。今回はUSB2.0のノイズ対策において、適切なコモンモードチョークコイルを選択するための注意点を紹介します。

　USB2.0の信号伝送モードとして、高速なHS（Hi Speed：480Mbps）やFS（Full　Speed：12Mbps）などがあります。コモンモードチョークコイルを選択する場合は、これら全てのモードで波形品位を満足させなければなりません。特に注意が必要なのはFSで、このアイパターンを満足させることが問題となります。というのは、HSが全て差動伝送であるのに対し、FSにはEOP(End of Packet)という差動伝送でない信号が含まれるためです。EOPは差動信号ラインの片側だけに電流が流れます。コモンモードチョークコイルを差動信号ラインに取付けている場合、コモンモードチョークコイルがトランスのような働きをして、本来電流の流れていないラインにも電圧V=M・$\Delta I/\Delta t$（Mはライン間の相互インダクタンス）が誘起されてしまいます。EOPにおける波形の評価結果を図1に示します。図中の丸印の中が、EOPです。本来EOPの電流が流れていないラインの波形は、電圧変動を最小限とし、アイパターン規格を満足する必要性があります。しかし、コモンモードチョークコイルのコモンモードインピーダンス が大きい程、EOPの波形に悪影響を与えます。そのため、使用できるコモンモードチョークコイルのコモンモードイン

ピーダンスの上限が制限されてしまいます。

　図2にUSB2.0のHS/FSにおけるアイパターンの評価結果およびHS動作時の放射雑音を示します。それぞれノイズフィルタ未使用時と図3に示したコモンモードチョークコイル（DLW21SN900SQ2/DLP11SN900SL2 Zc：90Ω at 100MHz）使用時を比較しています。

　HSおよびFSともにフィルタ未使用時とコモンモードチョークコイル使用時にアイパターンに大きな変化はありません。また放射雑音はコモンモードチョークコイルの使用により10dB以上抑制されています。上記の結果より、USB2.0においては、100MHzでのコモンモードインピーダンスが90ΩであるDLW21SN900SQ2/DLP11SN900SL2が一般的に使用されています。

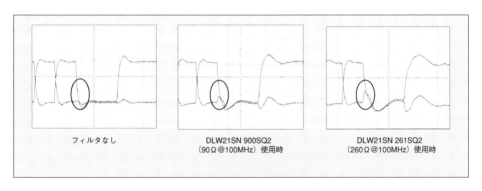

〔図1〕FSのEOP評価結果

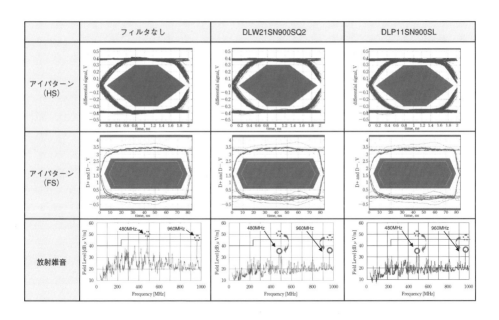

〔図2〕アイパターンおよび放射雑音評価結果

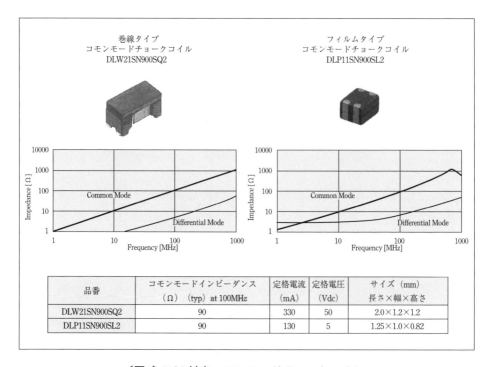

〔図3〕USB対応コモンモードチョークコイル

設計技術シリーズ

安全・安心な製品設計マニュアル

電磁障害／EMI対策設計法

2015年3月23日　初版発行

編著者	坂本　幸夫	©2015

発行者　　　松塚　晃医

発行所　　　科学情報出版株式会社

〒300-2622　茨城県つくば市要443-14 研究学園

電話　029-877-0022

http://www.it-book.co.jp/

ISBN 978-4-904774-30-4　C2053

※転写・転載・電子化は厳禁